工业机器人仿真与编程

主　编　陈正勇　李年发　向　勇
副主编　冯　玻　彭小伟　黄　建
何　理　欧阳宏宇

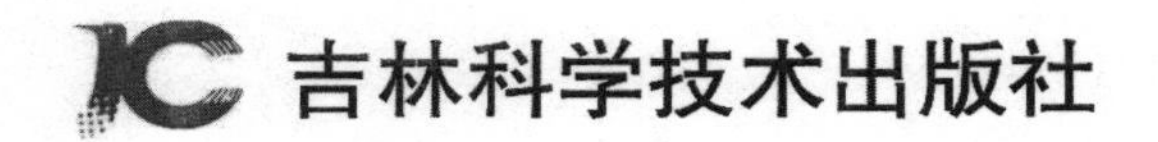

图书在版编目（CIP）数据

工业机器人仿真与编程 / 陈正勇, 李年发, 向勇主编. -- 长春 : 吉林科学技术出版社, 2022.9
ISBN 978-7-5578-9721-5

Ⅰ. ①工… Ⅱ. ①陈… ②李… ③向… Ⅲ. ①工业机器人－仿真设计②工业机器人－程序设计 Ⅳ. ①TP242.2

中国版本图书馆 CIP 数据核字(2022)第 181063 号

工业机器人仿真与编程

主　　编　陈正勇　李年发　向　勇
出 版 人　宛　霞
责任编辑　刘　畅
封面设计　江　江
制　　版　北京星月纬图文化传播有限责任公司
幅面尺寸　185mm×260mm
字　　数　215 千字
印　　张　10.75
印　　数　1-1500 册
版　　次　2022年9月第1版
印　　次　2023年3月第1次印刷

出　　版　吉林科学技术出版社
发　　行　吉林科学技术出版社
地　　址　长春市福祉大路5788号
邮　　编　130118
发行部电话/传真　0431-81629529 81629530 81629531
81629532 81629533 81629534
储运部电话　0431-86059116
编辑部电话　0431-81629518
印　　刷　三河市嵩川印刷有限公司

书　　号　ISBN 978-7-5578-9721-5
定　　价　75.00元

前　　言

制造业是兴国之器、强国之基，人才是立国之本，实现中国制造由大变强战略任务的关键在于人才。21 世纪以来，制造业面临全球产业结构调整带来的机遇和挑战。面对全球产业竞争格局的重大调整，国务院制定了《中国制造 2025》规划，提出全面推进制造强国的战略，即到 2025 年使我国迈入制造强国行列。制造强国战略的实施对人才队伍建设和发展提出了更高、更迫切的要求。

2014 年 6 月，习近平总书记在两院院士大会上强调：“机器人革命”有望成为新一轮工业革命的切入点和增长点，机器人是“制造业皇冠顶端的明珠”，其研发、制造、应用是衡量一个国家科技创新和高端制造业水平的重要标志。

工业机器人作为自动化技术的集大成者，是智能化制造的核心基础设施。在《中国制造 2025》规划的十大重点发展方向中，机器人是其中重要的发展方向。随着当下工业机器人的应用领域不断扩大，工作任务的复杂度不断增加，人们对产品品质的要求不断提高，企业对提高机器人编程效率和编程质量的需求显得越发迫切。工业机器人仿真技术的应用能大大提高了编程质量，减少了工作量，提高了编程效率，因此，工业机器人编程与仿真技术逐渐成为一个新的热门。

工业机器人的定义、特点和分类

工业机器人的应用和发展趋势

工业机器人概述

本书从工业机器人的实际应用出发，由易到难展现了工业机器人编程技术在多个领域的应用。根据工作任务的复杂程度，按照循序渐进、由浅入深的原则设置内容，引领知识和技能的学习。各项目紧密连接又层层递进，不断深化知识点，让兴趣驱动学习。本书具有以下特色：

首先，任务引领。以工作任务引领知识、技能和态度，让学生在完成工作任务的过程中学习相关知识，发展学生的综合职业能力。

其次，结果驱动。把焦点放在通过完成工作任务所获得的成果上，以激发学生的成就动机，通过完成工作任务来提升工作智慧。

最后，内容实用。围绕工作任务完成的需要来选择课程内容，不过分强调知识的系统性，而注重内容的实用性和针对性。

本书在编写过程中参阅了大量教材和相关资料，吸取了许多有益的内容，在此向相关作者表示衷心的感谢。

由于编者水平有限，书中难免有不妥之处，恳请使用本书的广大师生和读者予以批评指正，以臻完善。

目　录

项目一　初识离线编程仿真软件 1

任务一　ROBOGUIDE 的认知 1
任务二　ROBOGUIDE 的安装 6
任务三　创建机器人工程文件 12
任务四　ROBOGUIDE 界面的认知 21

项目二　创建工业机器人虚拟仿真工作站 33

任务一　创建机器人工作站 34
任务二　创建机器人系统 46
任务三　创建工作站和机器人控制器解决方案 52

项目三　离线示教编程与程序修正 59

任务一　创建离线示教仿真工作站 59
任务二　虚拟 TP 的示教编程 71
任务三　仿真程序编辑器的示教编程 77
任务四　修正离线程序及导出运行 82

项目四　机器人搬运离线仿真编程 86

任务一　离线示教目标位置点 86
任务二　同步到 RAPID 95
任务三　码垛位置例行程序修改 98
任务四　物件拾取与放置仿真设置 101

项目五　轨迹绘制与轨迹自动规划编程 109

任务一　汉字书写的轨迹编程及现场运行 109

任务二　球面工件打磨的轨迹编程 119

项目六　机器人 Smart 组件仿真应用 126

任务一　用 Smart 组件创建动态传送带 SC_infeeder 126
任务二　用 Smart 组件创建动态夹爪 SC_Claw 142
任务三　工作站逻辑设定 158

参考文献 165

项目一　初识离线编程仿真软件

任务一　ROBOGUIDE 的认知

任务描述

ROBOGUIDE 是与 FANUC 工业机器人配套的一款软件，其界面如图 1-1 所示。该软件支持机器人系统布局设计和动作模拟仿真，可进行机器人干涉性、可达性分析和系统节拍估算，还能自动生成机器人的离线程序、优化机器人的程序，以及进行机器人的故障诊断等。

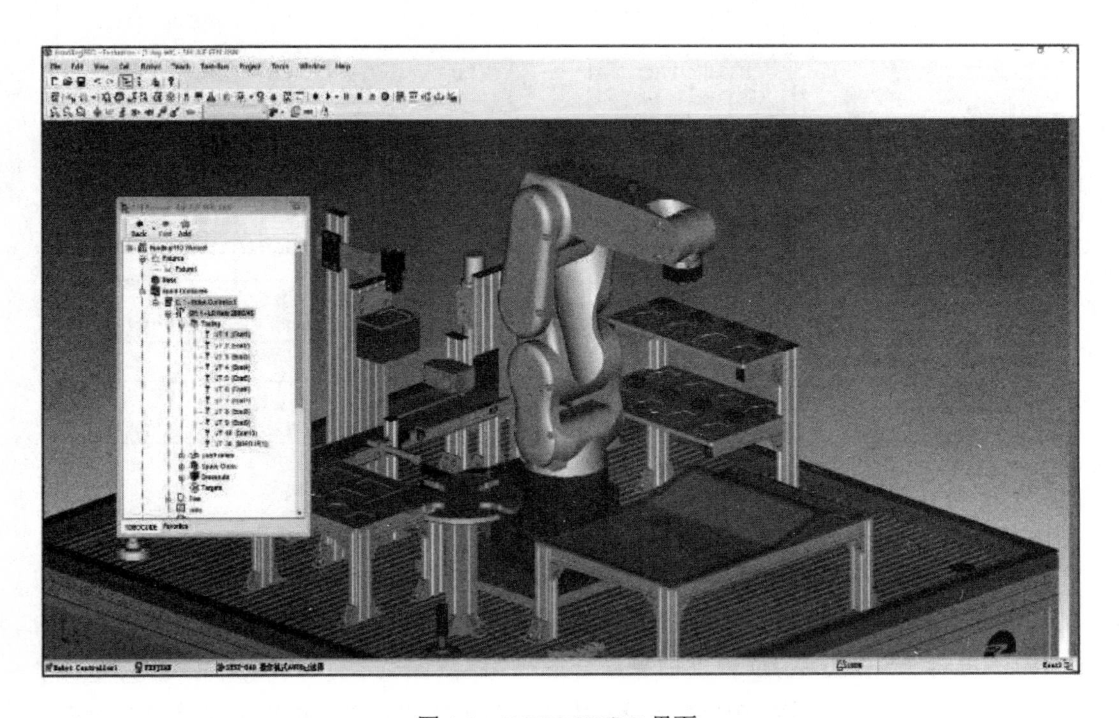

图 1-1　ROBOGUIDE 界面

任务实施

一、ROBOGUIDE 仿真模块简介

ROBOGUIDE 是一款核心应用软件，其常用仿真模块有 ChamferingPRO、HandlingPRO、WeldPRO、PalletPRO 和 PaintPRO 等。其中，ChamferingPRO 模块用于去毛刺、倒角等工件加工的仿真应用；HandlingPRO 模块用于机床上下料、压、装配、注塑机等物料的搬运仿真；WeldPRO 模块用于焊接、激光切割等工艺的仿真；PalletPRO 模块用于各种码垛的仿真；PaintPRO 模块用于喷涂的仿真。不同的模块决定了其实现的功能不同，相应加载的应用软件工具包也会不同，如图 1-2 所示。

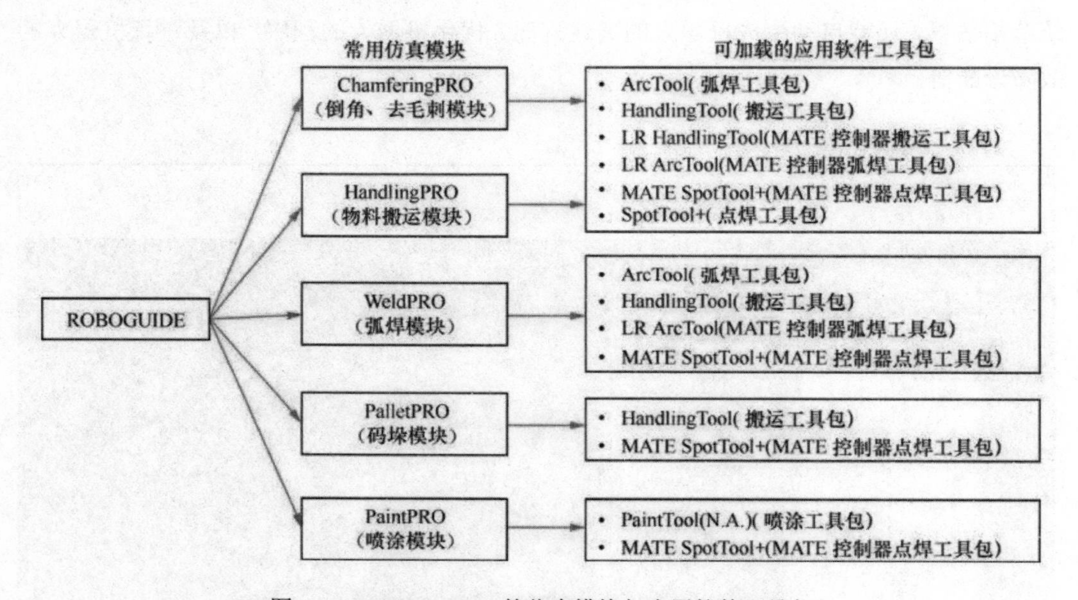

图 1-2　ROBOGUIDE 的仿真模块与应用软件工具包

除了常用的模块之外，ROBOGUIDE 中其他功能模块可使用户方便快捷地创建并优化机器人程序，如图 1-3 所示。例如，4D Edit 模块可以将 3D 机器人模型导入真实的 TP 中，再将 3D 模型和 1D 内部信息结合形成 4D 图像显示；MotionPRO 模块可以对 TP 程序进行优化，包括对节拍和路径的优化（节拍优化要求在电机可接受的负荷范围内进行，路径优化需要设定一个允许偏离的距离，从而使机器人的运动路径在设定的偏离范围内接近示教点）；iRPickPRO 模块可以通过简单设置创建 Workcell 自动生成布局，并以 3D 视图的形式显示单台或多台机器人抓放工件的过程，自动生成高速视觉拾取程序，进而进行高速视觉跟踪仿真。

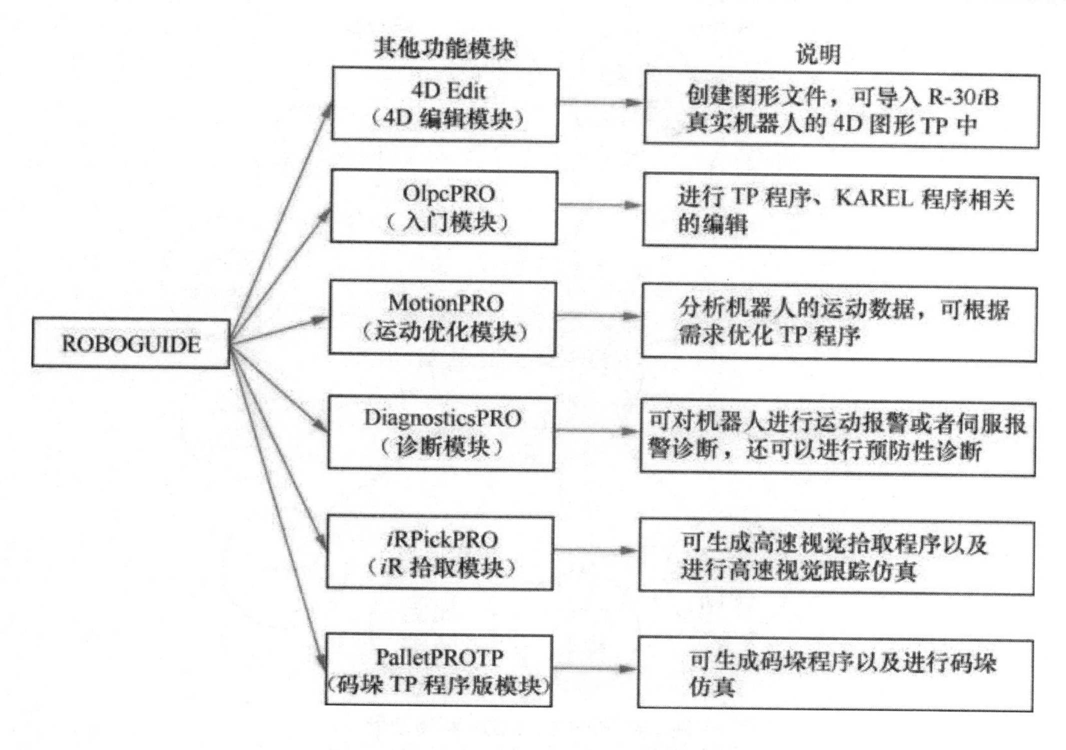

图 1-3 ROBOGUIDE 的其他功能模块

另外，ROBOGUIDE 还提供了一些功能插件来拓展软件的功能，如图 1-4 所示。例如，当在 ROBOGUIDE 中安装 Line Tracking（直线跟踪）插件后，机器人可以自动补偿工件随导轨流动而产生的位移，将绝对运动的工件当作相对静止的物体，以便对时刻运动的流水线上的工件进行相应的操作；安装 Coordinated Motion（协调运动）插件后，机器人本体轴与外部附加轴做协调运动，从而使机器人处于合适的焊接姿态来提高焊接质量；安装 Spray Simulation（喷涂模拟）插件后，可以根据实际情况建立喷枪模型，然后在 ROBOGUIDE 中模拟喷涂效果，查看膜厚的分布情况；安装能源消耗评估插件后，可以在给定的节拍内优化程序，使能源消耗降到最低，也可在给定的能源消耗内优化程序，使节拍最短；安装寿命评估插件后，可以在给定的节拍优化程序，使减速机寿命最长，也可在给定的寿命内优化程序，使节拍最短。

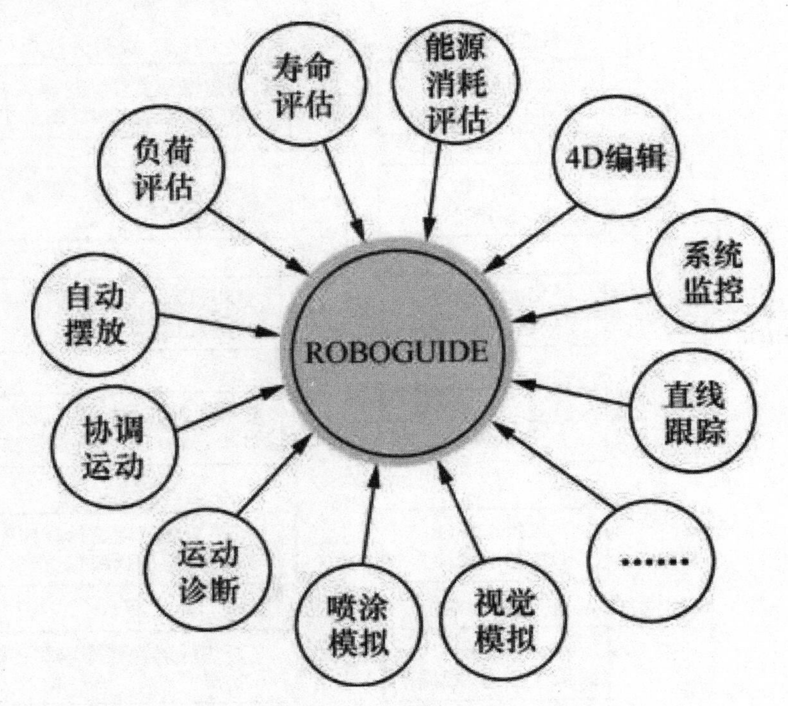

图 1-4　ROBOGUIDE 拓展功能

二、离线编程与仿真的实施

在 ROBOGUIDE 中进行工业机器人的离线编程与仿真，主要可分为以下几个步骤。

1．创建工程文件

根据真实机器人创建相应的仿真机器人工程文件。创建过程中需要选择从事作业的仿真模块、控制柜及控制系统版本、软件工具包、机器人型号等。工程文件会以三维模型的形式显示在软件视图窗口中，在初始状态下只提供三维空间内的机器人模型和机器人控制系统。

2．构建虚拟工作环境

根据现场设备的真实布局，在工程文件的三维世界中，通过绘制或导入模型来搭建虚拟的工作场景，从而模拟真实的工作环境。例如，要模拟焊接的工作场景，就需要搭建焊接机器人、焊接设备及其他焊接辅助设备组成的三维模型环境。

如何创建虚拟固体模型

3．模型的仿真设置

由三维绘图软件绘制的模型除了在形状上有所不同外，其他并无本质上的差别。而

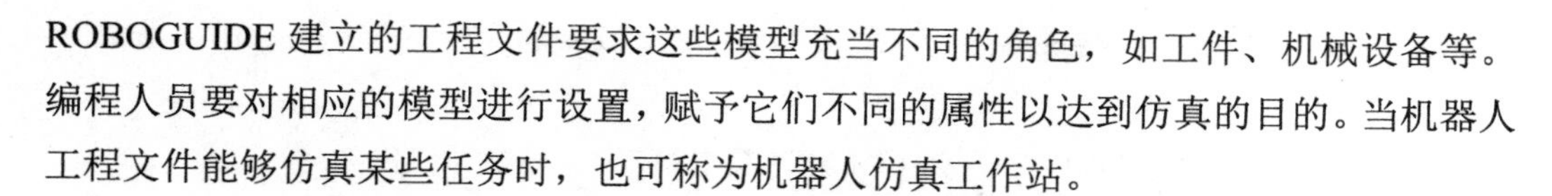

ROBOGUIDE 建立的工程文件要求这些模型充当不同的角色，如工件、机械设备等。编程人员要对相应的模型进行设置，赋予它们不同的属性以达到仿真的目的。当机器人工程文件能够仿真某些任务时，也可称为机器人仿真工作站。

4. 控制系统的设置

仿真工作站的场景搭建完成以后，需要按照真实的机器人配置对虚拟机器人控制系统进行设置。控制系统的设置包括工具坐标系的设置、用户坐标系的设置、系统变量的设置等，以予仿真工作站与真实工作站同等的编程和运行条件。

5. 编写离线程序

在 ROBOGUIDE 的工程文件中利用虚拟示教器（Teach Pendant，TP）或者轨迹自动规划功能的方法创建并编写机器人程序，实现真实机器人要求的功能，如焊接、搬运、码垛等。

6. 仿真运行程序

相对于真实机器人运行程序，在软件中进行程序的仿真运行实际上是让编程人员提前预知了运行结果。可视化的运行结果使程序的预期性和可行性更为直观，如程序是否满足任务要求，机器人是否会发生轴的限位、是否发生碰撞等。针对仿真结果中出现的情况进行分析，可及时纠正程序错误并进一步优化程序。

7. 程序的导出和上传

由于 ROBOGUIDE 中机器人控制系统与真实机器人控制器的高度统一，离线程序只需小范围的转化和修改，甚至无须修改便可直接导出到存储设备并上传到真实机器人中运行。

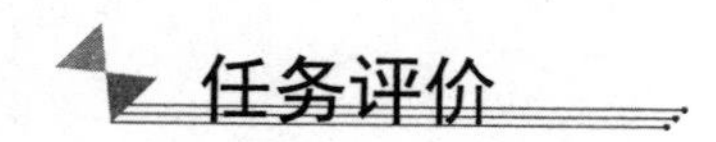

任务评价

表 1-1　任务评价表

评价方面	具体内容	自评	互评	师评
基本素养（30 分）	无迟到、早退、旷课现象（10 分）			
	操作安全规范（10 分）			
	具有较高的参与度和良好的团队协作能力、沟通交流能力（10 分）			
理论知识（20 分）	了解 ROBOGUIDE 仿真模块（20 分）			
技能操作（50 分）	能够按步骤完成离线编程与仿真（50 分）			
综合评价				

任务二 ROBOGUIDE 的安装

任务描述

本任务所使用的 ROBOGUIDE 的软件版本号为 8.30104.00.21，计算机操作系统为 Windows 10 中文版。操作系统中的防火墙和杀毒软件因识别错误，可能会造成 ROBOGUIDE 安装程序的不正常运行，甚至会引起某些插件无法正常安装而导致整个软件安装失败。建议在安装 ROBOGUIDE 之前关闭系统防火墙及杀毒软件，避免计算机防护系统擅自清除 ROBOGUIDE 的相关组件。作为一款较大的三维软件，ROBOGUIDE 对计算机的配置有一定的要求，如果要达到比较流畅的运行体验，计算机的配置不能太低。

离线编程软件 ROBOGUIDE 简介

注意：如果屏幕的分辨率小于 1920×1080，会导致 ROBOGUIDE 界面的某些功能窗口显示不完整，给软件的操作造成极大的不便。

任务实施

（1）将 ROBOGUIDE 的安装包进行解压，然后进入解压后的文件目录中右击，并以管理员身份运行“setup.exe”安装程序。

（2）在软件安装向导中要求重启计算机，这里选择第二项，单击“Finish”按钮进入下一步，如图 1-5 所示。

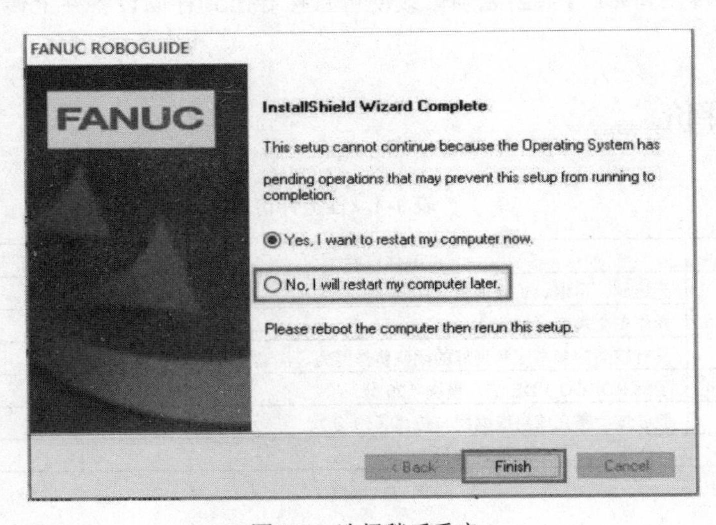

图 1-5 选择稍后重启

（3）再次打开安装程序，单击“Next”按钮进入下一步，如图 1-6 所示。

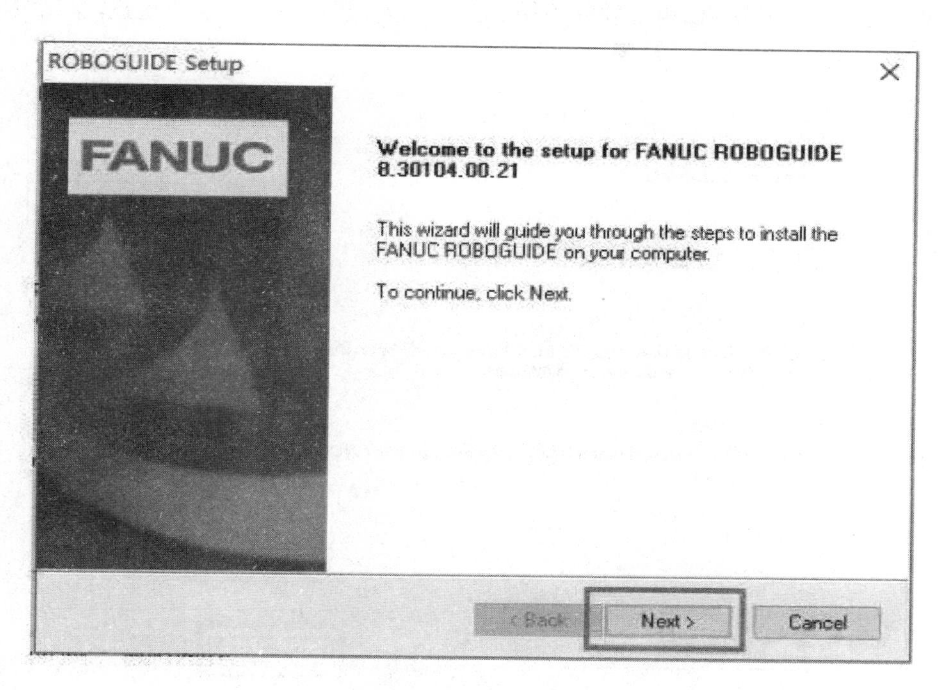

图 1-6　再次打开安装程序

（4）图 1-7 所示界面是关于许可协议的设置，单击“Yes”按钮接受此协议进入下一步。

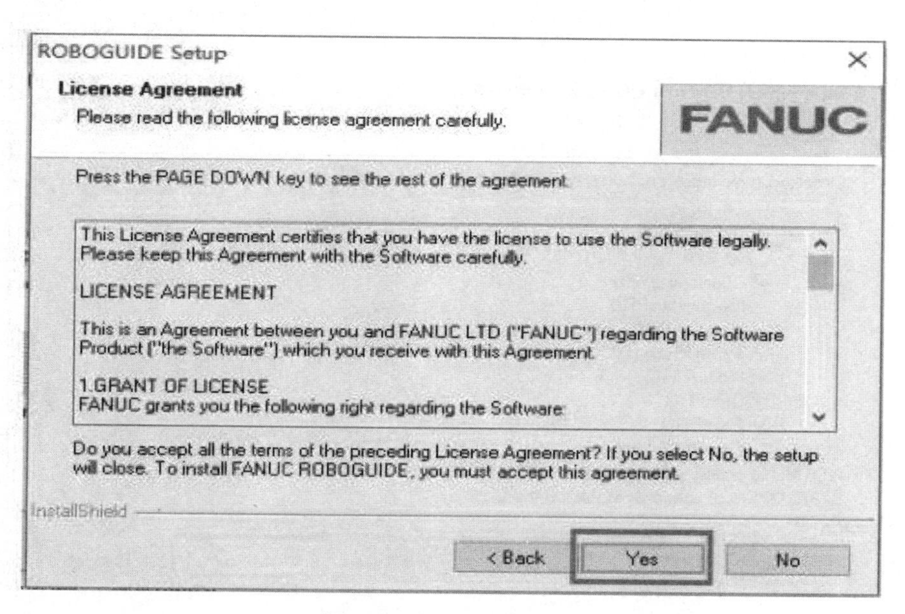

图 1-7　许可协议的设置

（5）在图 1-8 所示界面中可设置安装目标路径。用户可在初次安装时更改安装路径。默认的安装路径是系统盘。由于软件占用的空间较大，建议更改为非系统盘，单击“Next”按钮进入下一步。

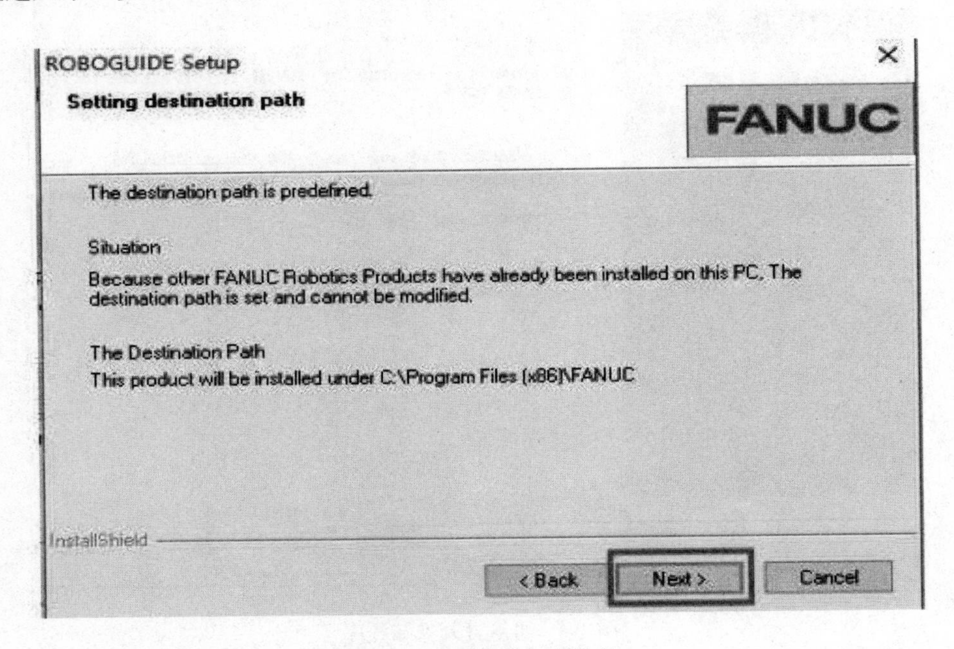

图 1-8　设置安装目标路径

（6）在图 1-9 所示界面中选择需要安装的仿真模块，一般保持默认即可。单击“Next”按钮进入下一个选择界面。

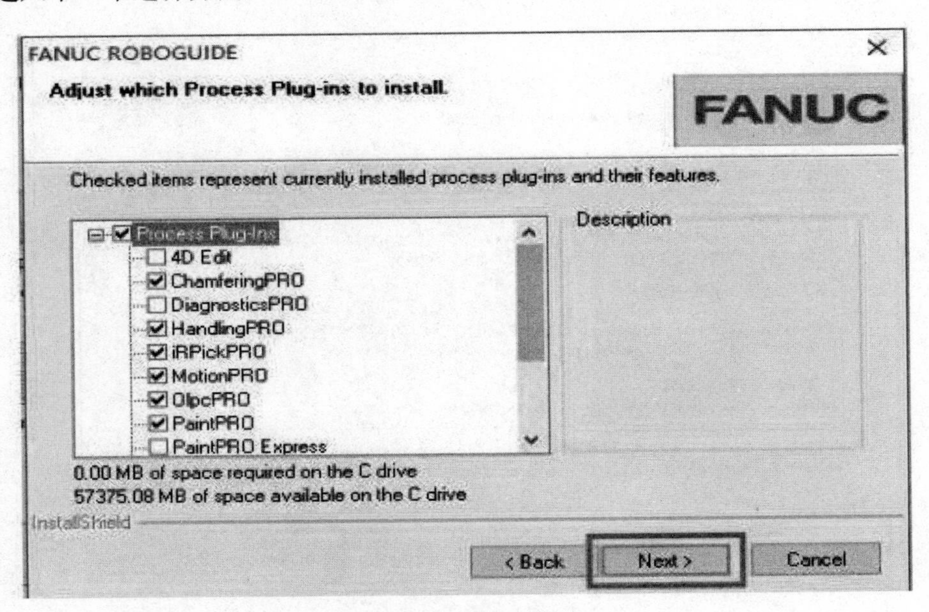

图 1-9　选择仿真模块

（7）在图 1-10 所示界面中选择需要安装的扩展功能，一般保持默认即可。单击“Next”按钮进入下一个选择界面。

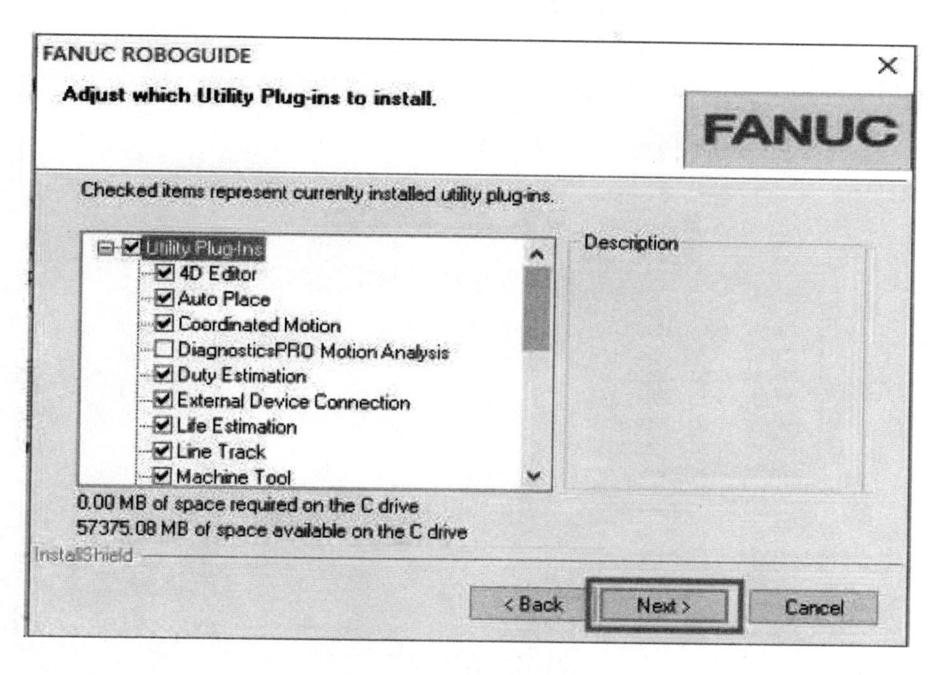

图 1-10　选择扩展功能

（8）在图 1-11 所示界面中选择软件的各仿真模块是否创建桌面快捷方式，确认后单击“Next”按钮进入下一个选择界面。

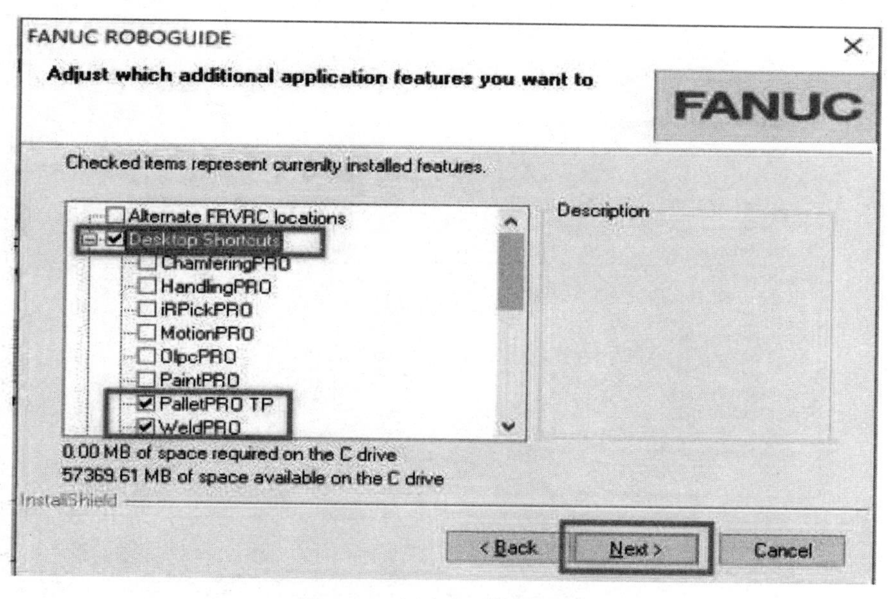

图 1-11　创建桌面快捷方式

（9）在图 1-12 所示界面中选择软件版本，一般直接选择最新版本，这样可节省磁盘空间。如果机器人是早期的型号，可选择同时安装之前对应的版本，单击“Next”按钮进入下一步。

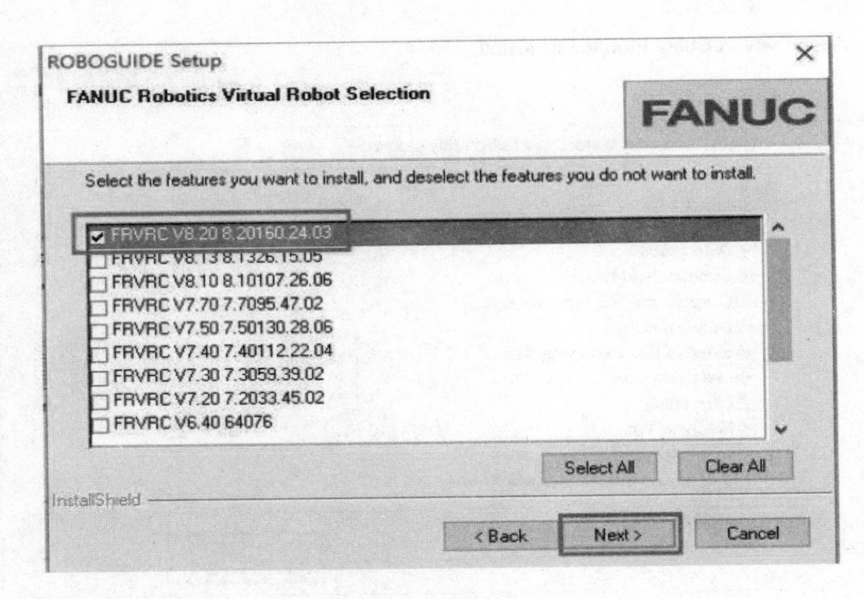

图 1-12　选择软件版本

（11）图 1-13 所示界面中列出了之前所有的选择项，如果发现错误，可单击“Back”按钮返回更改，确认无误后单击“Next”按钮进入下一步，由此便进入了时间较长的安装过程。

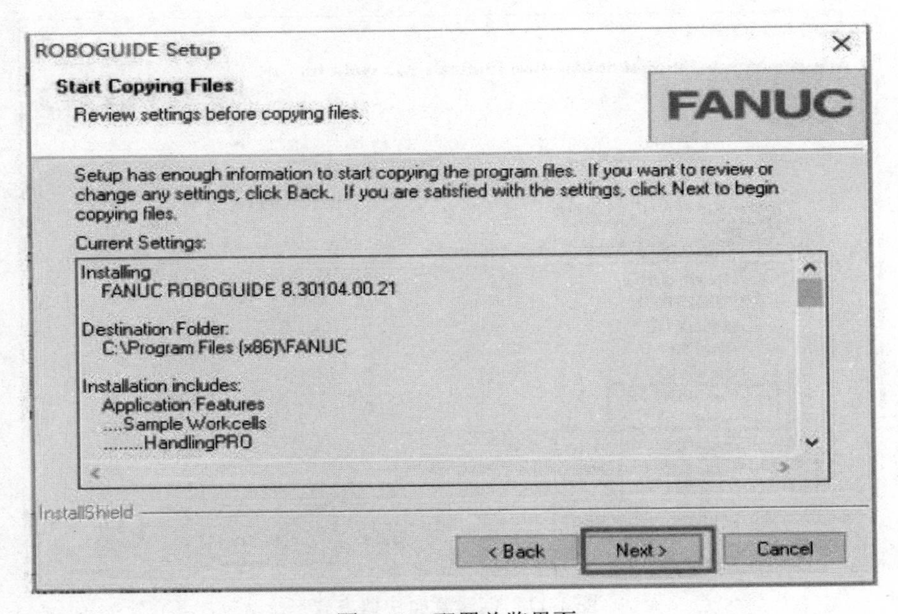

图 1-13　配置总览界面

（12）图 1-14 所示界面表明软件已经成功安装，单击“Finish”按钮退出安装程序。

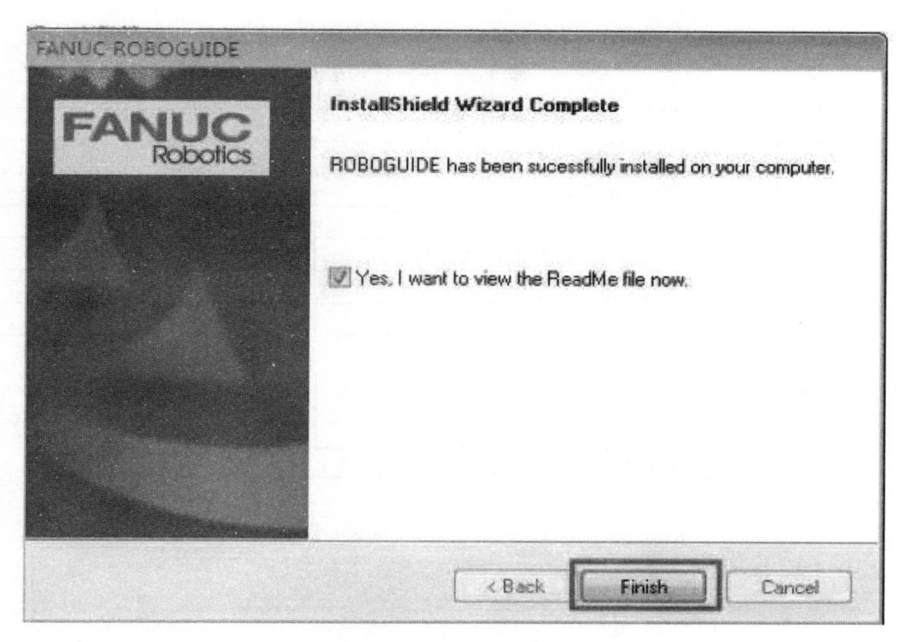

图 1-14　安装成功界面

（13）在图 1-15 所示界面中选择第一项，单击“ Finish”按钮重启计算机。系统重启后即可正常使用 ROBOGUIDE。

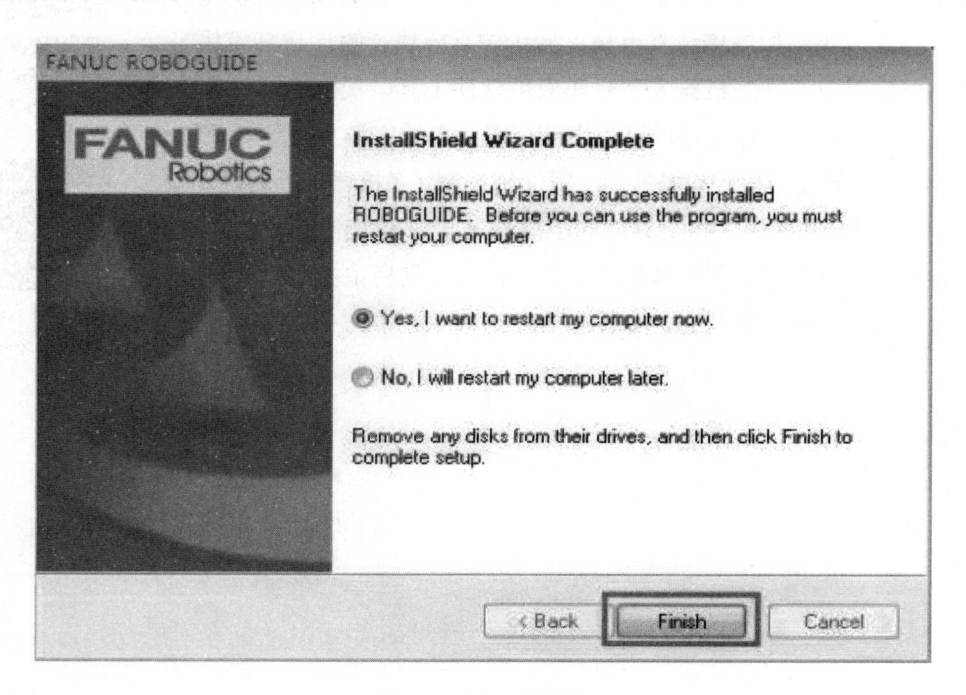

图 1-15　重启计算机

任务评价

表 1-2　任务评价表

评价方面	具体内容	自评	互评	师评
基本素养（30 分）	无迟到、早退、旷课现象（10 分）			
	操作安全规范（10 分）			
	具有较高的参与度和良好的团队协作能力、沟通交流能力（10 分）			
理论知识（20 分）	了解 ROBOGUIDE 软件的安装步骤（20 分）			
技能操作（50 分）	能够按步骤完成 ROBOGUIDE 软件的安装（50 分）			
综合评价				

任务三　创建机器人工程文件

任务描述

机器人工程文件是一个含有工业机器人模型和真实机器人控制系统的仿真文件，为仿真工作站的搭建提供平台。机器人工程文件在 ROBOGUIDE 中具体表现为一个三维的虚拟世界，编程人员可在这个虚拟的环境中运用 CAD 模型任意搭建场景来构建仿真工作站。ROBOGUIDE 拥有从事各类工作的机器人仿真模块，如焊接仿真模块、搬运仿真模块、喷涂仿真模块等。不同的模块对应不同的机器人型号和应用软件工具，实现的功能也不同。

使用离线编程软件 ROBOGUIDE 创建工程文件

另外，在创建工程文件的过程中还可以为机器人添加附加功能，如视觉功能、外部专用电焊设备控制、附加轴控制、多机器人手臂控制等。ROBOGUIDEI 中菜单栏和工具栏的应用是基于工程文件而言的，在没有创建或者打开工程文件的情况下，菜单栏和工具栏中的绝大部分功能呈灰色，处于不可用的状态，如图 1-16 所示。

工业机器人的机械结构及功能

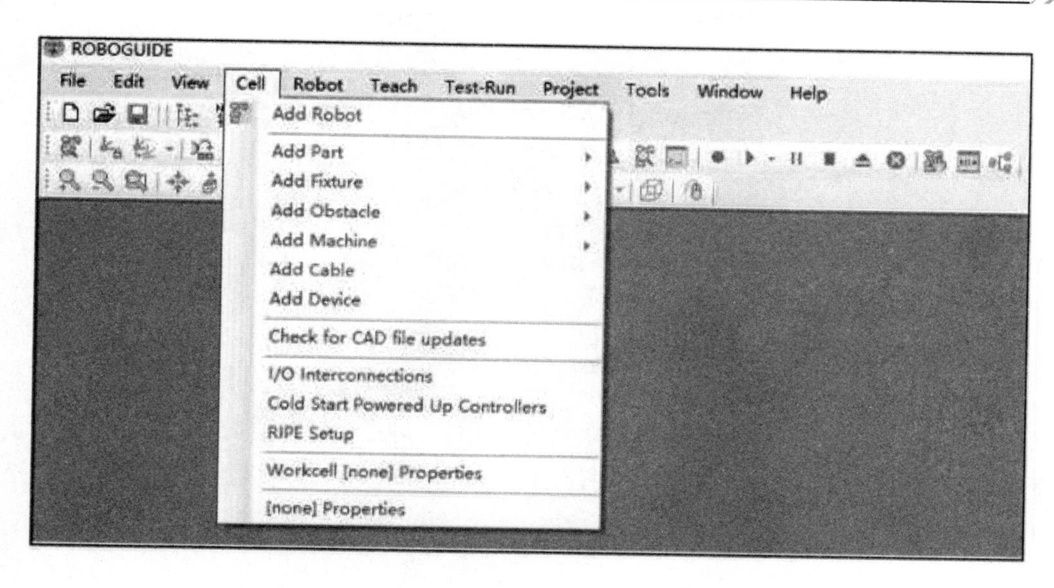

图 1-16　软件的初始界面

ROBOGUIDE 创建的工程文件在计算机的存储中是以文件夹的形式存在的，也可以称为工程包。工程包内包括模型文件、机器人系统配置文件、程序文件等，其中启动文件的扩展名为“.frw”，如图 1-17 所示。

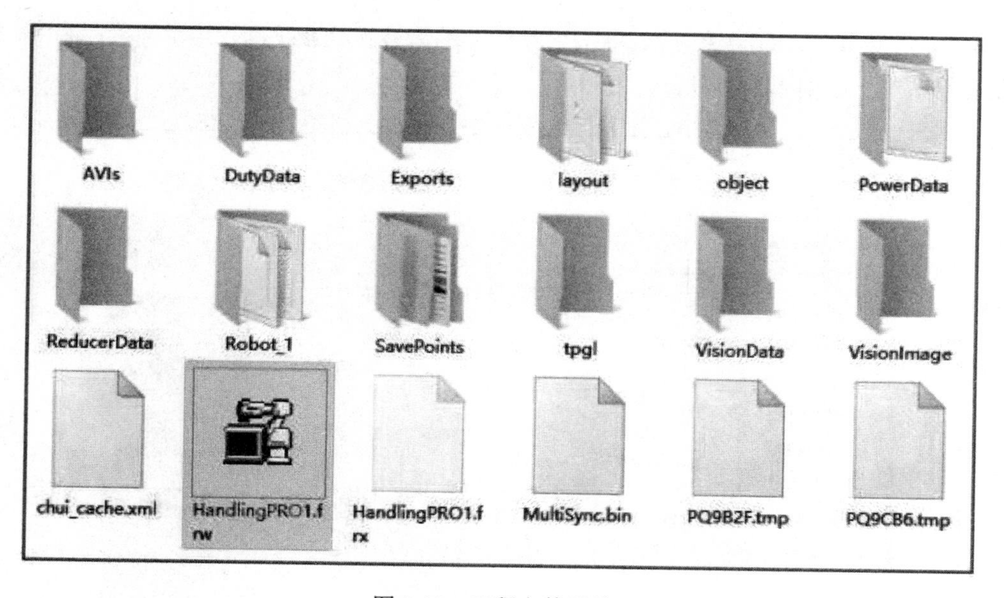

图 1-17　工程文件目录

另外，ROBOGUIDE 也可以将工程文件生成软件专用的工程文件压缩包，其扩展名为“.rgx”，如图 1-18 所示。

图 1-18　工程文件压缩包

工程文件的文件夹不受计算机存储路径的影响，可通过简单的剪切、复制等操作改变其存放位置（必须是整个文件夹的操作）。双击.frw 文件即可调用 ROBOGUIDE 打开工程文件。

.rgx 文件作为 ROBOGUIDE 专用的压缩文件，有利于工程文件在不同设备之间的交互。双击解压工程文件压缩包，将工程文件的文件夹释放在默认的存储目录下（系统盘/文档/MyWorkcell）。打开之后，用户在软件界面内的任何编辑都是基于释放的文件夹下的文件的，而并不会影响到原有的.rgx 压缩文件。

任务实施

（1）打开 ROBOGUIDE 后，单击工具栏上的新建按钮或执行菜单命令“File”→“New Cell”，如图 1-19 所示。

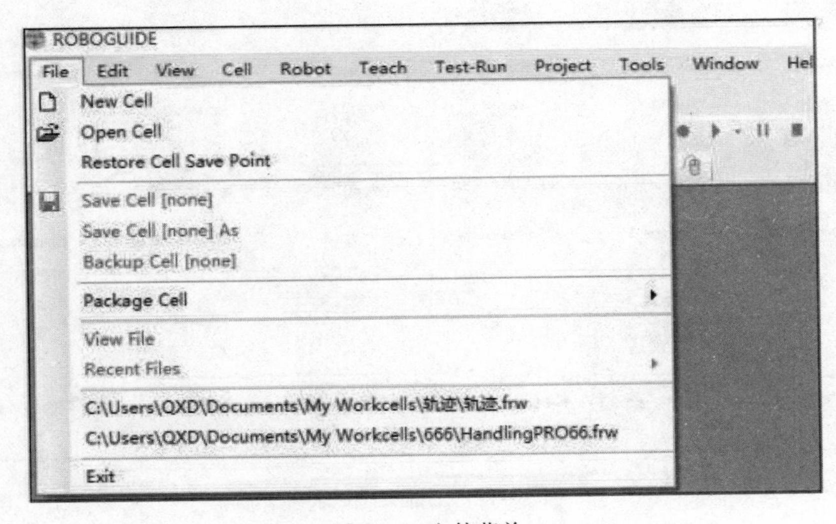

图 1-19　文件菜单

（2）在弹出的图 1-20 所示的创建工程文件向导界面中选择需要的仿真模块，这里以 HandlingPRO 物料搬运模块为例，选择后单击“Next”按钮进入下一步。

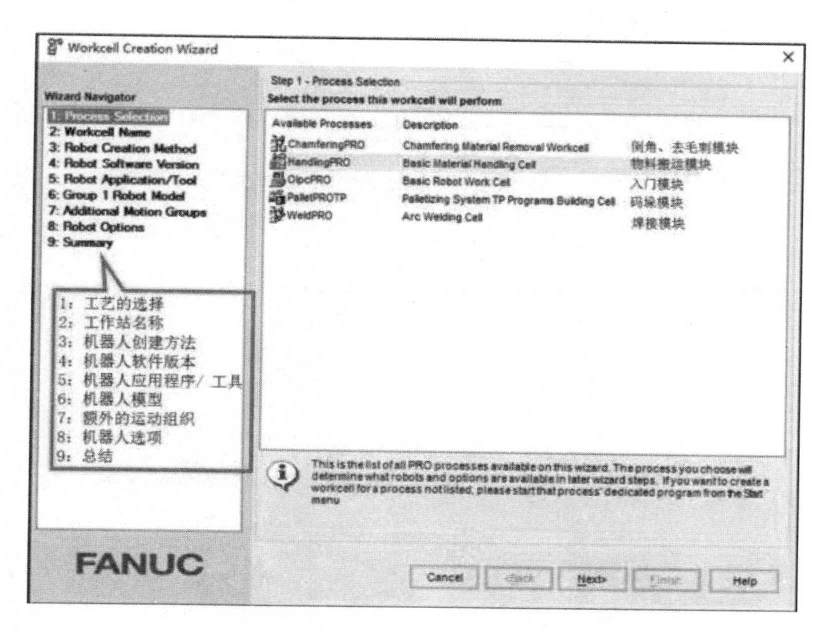

图 1-20　仿真模块选择界面

（3）在图 1-21 所示的界面中确定工程文件的名称，这里也可以使用默认的名称。另外，名称也支持中文输入。但为了方便以后文件的管理与查找，建议重新命名。命名完成后，单击“Next”按钮进入下一步。

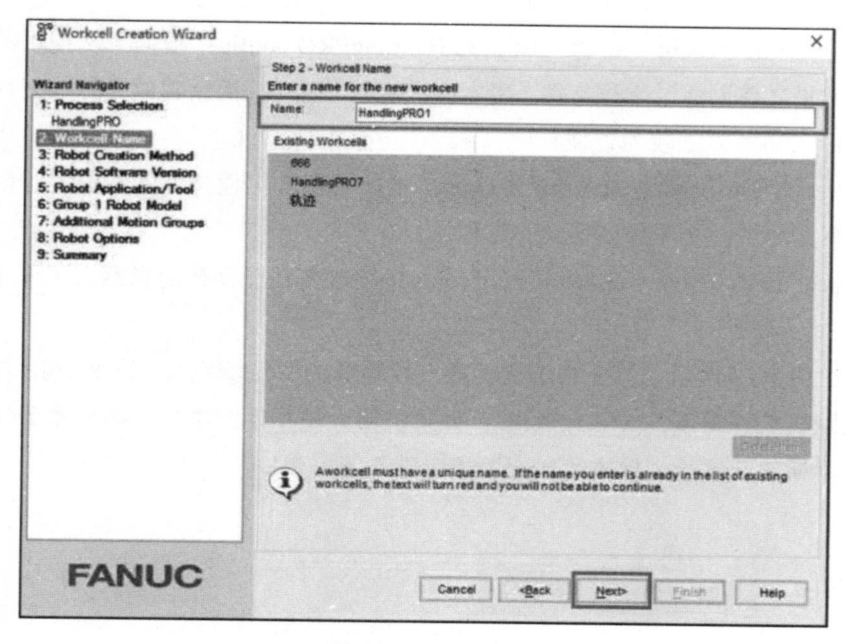

图 1-21　命名界面

（4）在图 1-22 所示的界面中选择创建机器人工程文件的方式，一情况下选择第一项，然后单击“Next”按钮进入下一步。

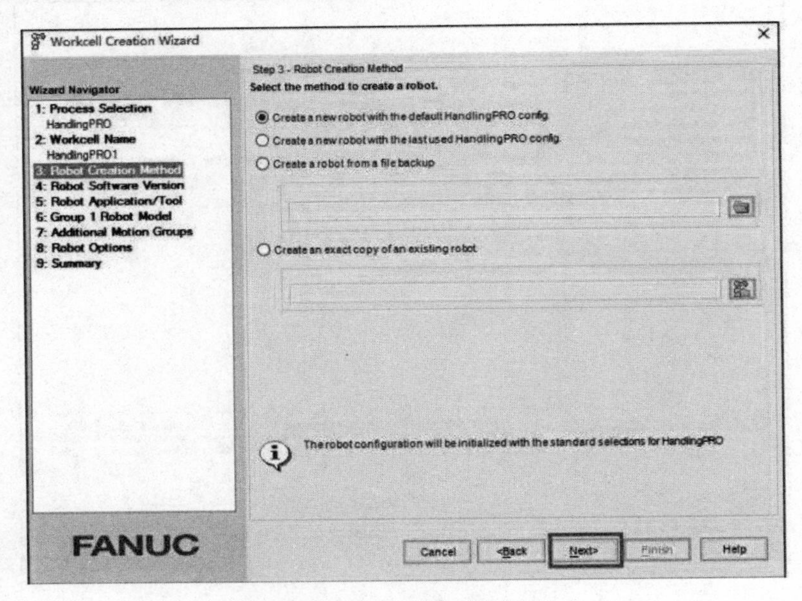

图 1-22　创建方式选择界面

注意：机器人工程文件的创建方式有下面 4 种。

① Creat a new robot with the default HandingPRO config：采用默认配置新建文件，选择配置可完全自定义，适用于一般情况。

② Creat a new robot with the last used HandingPRO config：根据上次使用的配置新建文件，如果之前创建过工程文件（离本次最近的一次），而新建的文件与之前的配置大致相同，采用此方法较为方便。

③ Creat a new robot from a file backup：根据机器人工程文件的备份进行创建，选择.rgx 压缩文件进行文件释放得到的工程文件。

④ Creat an exact copy of an existing robot：直接复制已存在的机器人工程文件进行创建。

（5）在图 1-23 所示的界面中选择机器人控制器的型号及版本，以 R-30iB 控制器为例，这里默认选择最新的 V 8.30 版本。如果机器人是早期的型号，新版本无法适配，可以选择早期的版本号。单击“Next”按钮进入下一步。

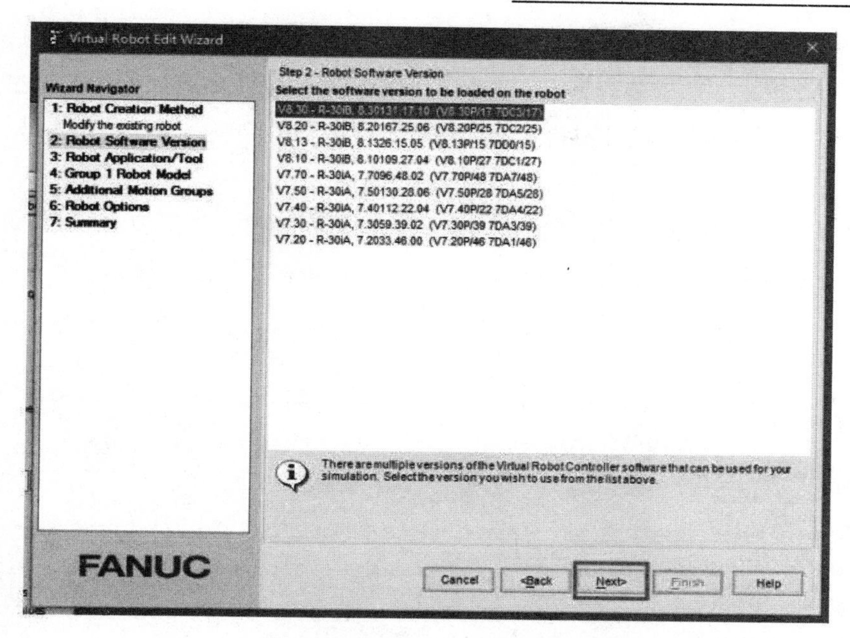

图 1-23　控制器及版本选择界面

（6）在图 1-24 所示的界面中选择应用软件工具包，如点焊工具、弧焊工具、搬运工具等。根据仿真的需要选择合适的软件工具，这里选择搬运工具 Handling Tool（H552），然后单击“Next”按钮进入下一步。

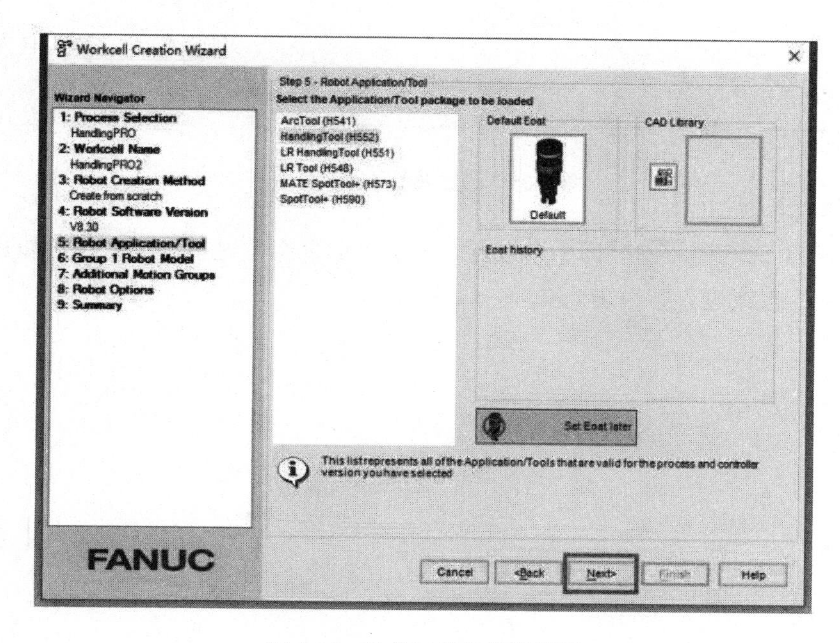

图 1-24　软件工具包选择界面

注意：不同软件工具的差异会集中体现在 TP 上，如安装有焊接工具的 TP 中包含焊接指令和焊接程序，安装有搬运工具的示教器中有码垛指令等。另外，TP 的菜单也会有很大差异，不同的工具针对自身的应用进行了专门的定制，包括控制信号、运行监控等。

（7）在图 1-25 所示界面中选择仿真所用的机器人型号。这里包含了 FANUC 旗下大多数工业机器人，这里选择 R-2000iC/165F，然后单击“Next”按钮进入下一个选择界面。

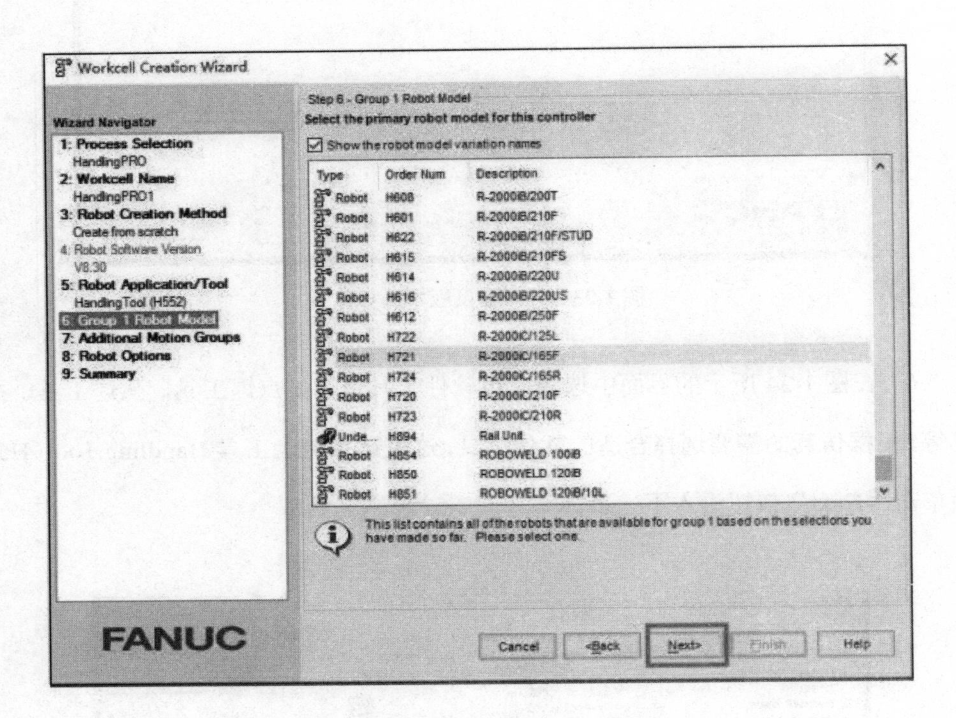

图 1-25　机器人型号选择界面

（8）在图 1-26 所示的界面中可以选择添加外部群组，这里先不做任何操作，直接单击“Next”按钮进入下一步。

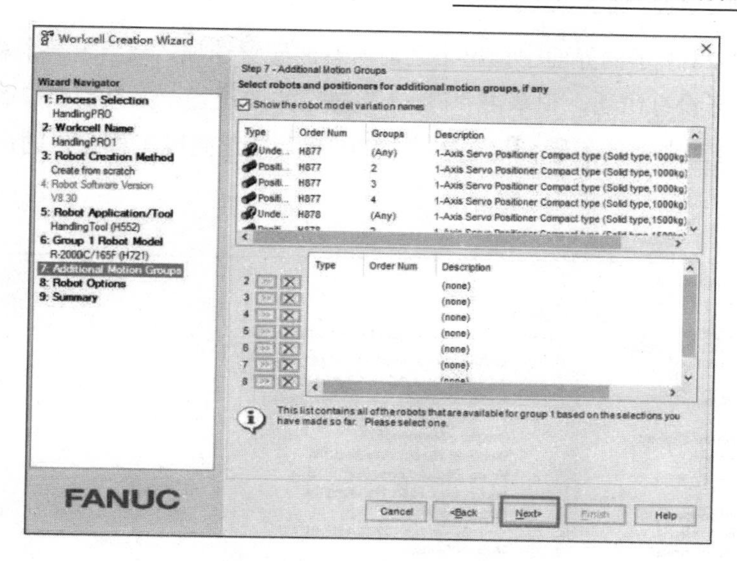

图 1-26　外部群组选择界面

注意：当仿真文件需要多台机器人组建多手臂系统，或者含有变位机等附加的外部轴群组时，可以在这里选择相应的机器人和变位机的型号。

（9）在图 1-27 所示的界面中可以选择机器人的扩展功能软件。它包括很多常用的附加软件，如 2D、3D 视觉应用软件，专用电焊设备适配软件，行走轴控制软件等。在本界面中还可以切换到“Languages”选项卡设置语言环境，将英文修改为中文。语言的改变只是作用于虚拟的 TP，软件界面本身并不会发生变化，单击“Next”按钮进入下一步。

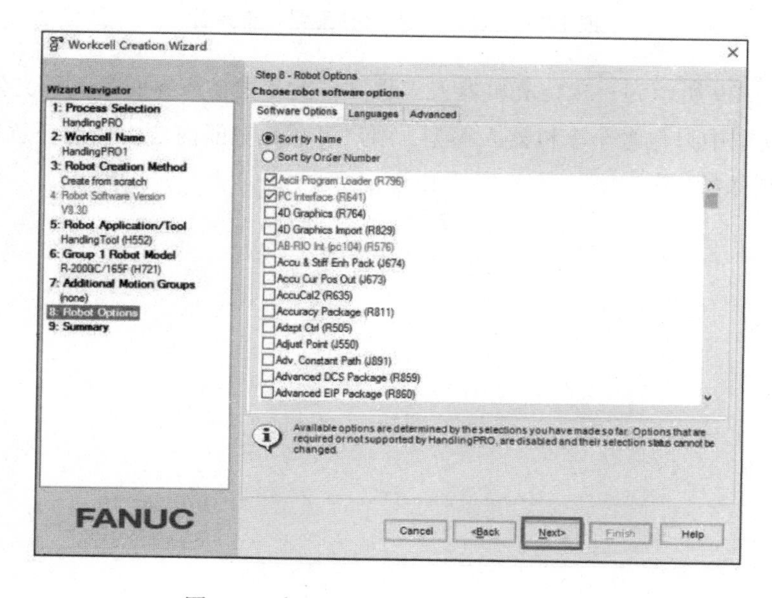

图 1-27　机器人扩展功能软件选择界面

（10）图 1-28 所示的界面中列出了之前所有的配置选项，相当于一个总目录。如果确定之前的选择没有错误，则单击“Finish”按钮完成设置；如果需要修改，可以单击“Back”按钮退回之前的步骤。这里单击“Finish”按钮完成工程文件的创建，等待系统的加载。

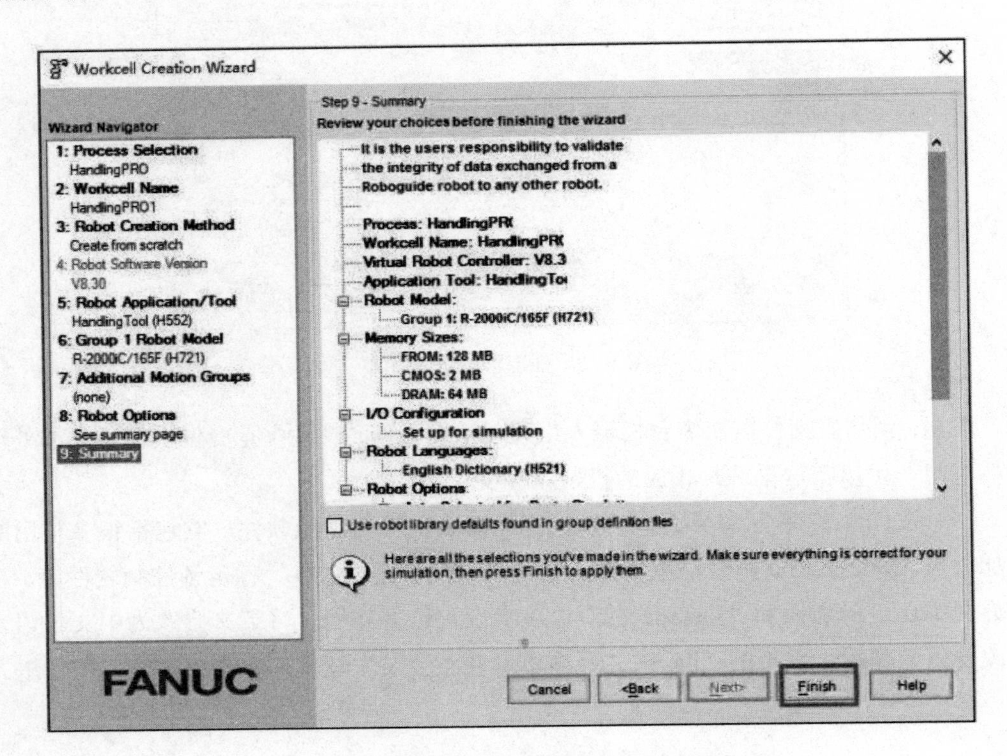

图 1-28　机器人工程文件配置总览界面

（11）图 1-29 所示为新建仿真机器人工程文件的界面，该界面是工程文件的初始状态，其三维视图中只包含一个机器人模型。用户可在此空间内自由搭建任意场景，构建机器人仿真工作站。

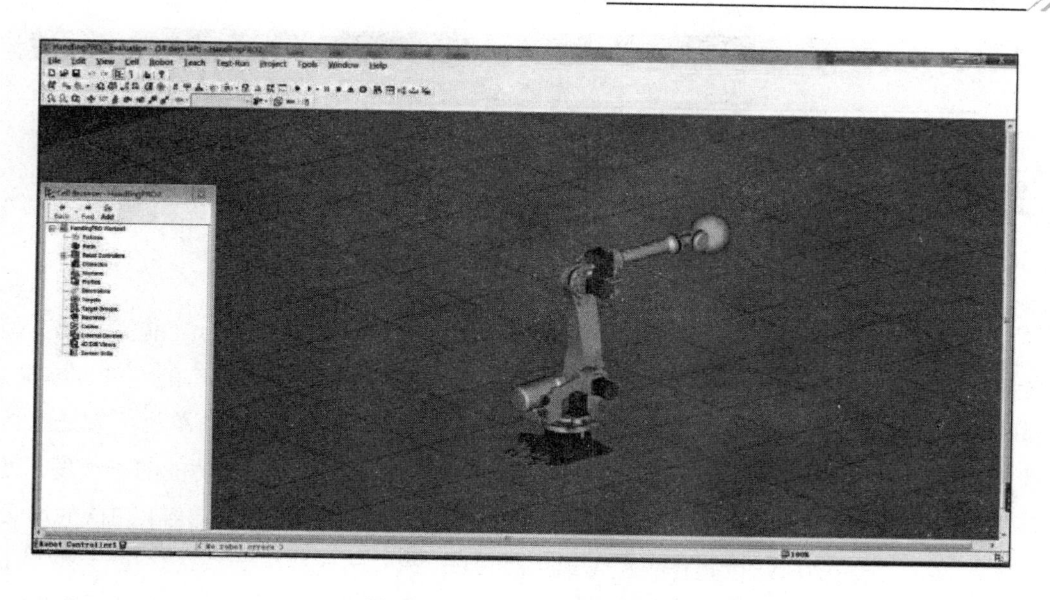

图 1-29　工程文件的初始界面

任务评价

表 1-3　任务评价表

评价方面	具体内容	自评	互评	师评
基本素养（30 分）	无迟到、早退、旷课现象（10 分）			
	操作安全规范（10 分）			
	具有较高的参与度和良好的团队协作能力、沟通交流能力（10 分）			
理论知识（20 分）	了解创建机器人工程文件的步骤（20 分）			
技能操作（50 分）	能够按步骤完成机器人工程文件的创建（50 分）			
综合评价				

任务四　ROBOGUIDE 界面的认知

任务描述

在学习 ROBOGUIDE 的离线编程与仿真功能之前，应首先了解软件的界面分布和各功能区的主要作用，为后续的软件操作打下基础。创建工程文件后，软件的功能选项被激活，高亮显示为可用状态，如图 1-30 所示。

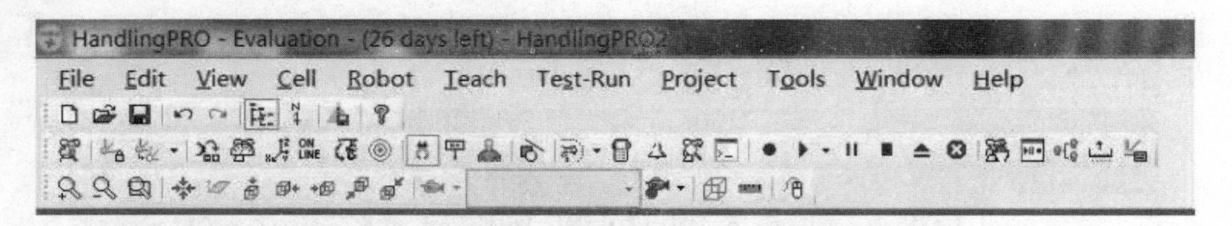

图 1-30　软件功能选项区

如图 1-31 所示，ROBOGUIDE 界面窗口的正上方是标题栏，显示当前打开的工程文件的名称。紧邻的下面一排英文选项是菜单栏，包括多数软件都具有的文件、编辑、视图、窗口等下拉菜单。软件中所有的功能选项都集中于菜单栏中。菜单栏下方是工具栏，它包括 3 行常用的工具选项，工具图标的使用也较好地增加了各功能的辨识度，可提高软件的操作效率。工具栏的下方就是软件的视图窗口，视图中的内容以 3D 的形式展现，仿真工作站的搭建也是在视图窗口中完成的。在视图窗口中会默认存在一个“Cell Browser”（导航目录）窗口（可关闭），这是工程文件的导航目录，它对整个工程文件进行模块划分，包括模型、程序、坐标系、日志等，以结构树的形式展示出来，并为各模块的打开提供了入口。

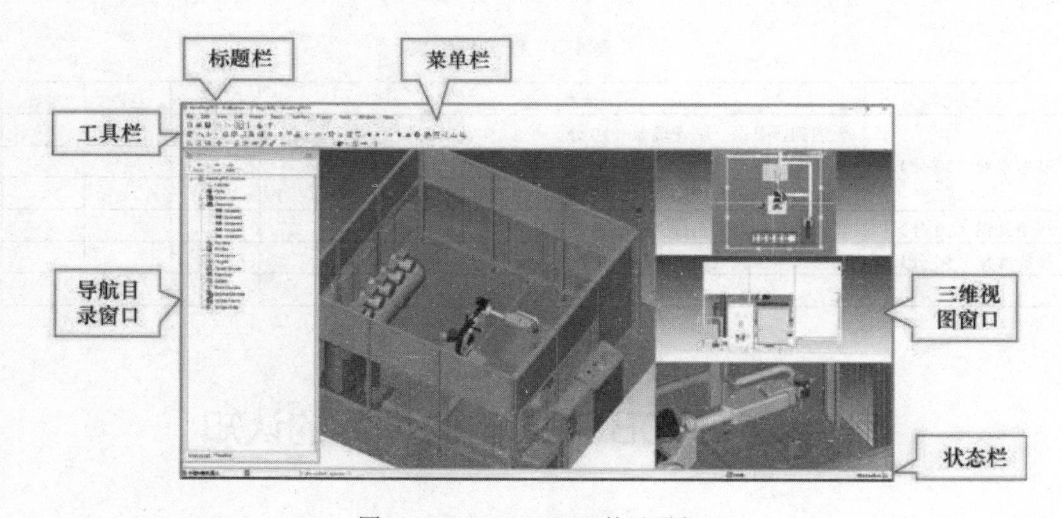

图 1-31　ROBOGUIDE 的界面布局

任务实施

一、常用菜单简介

ROBOGUIDE 的菜单栏是传统的 Windows 界面风格。

1. 文件菜单

文件菜单中的选项主要是对于整个工程文件的操作，如工程文件的保存、打开、备份等，如图 1-32 所示。

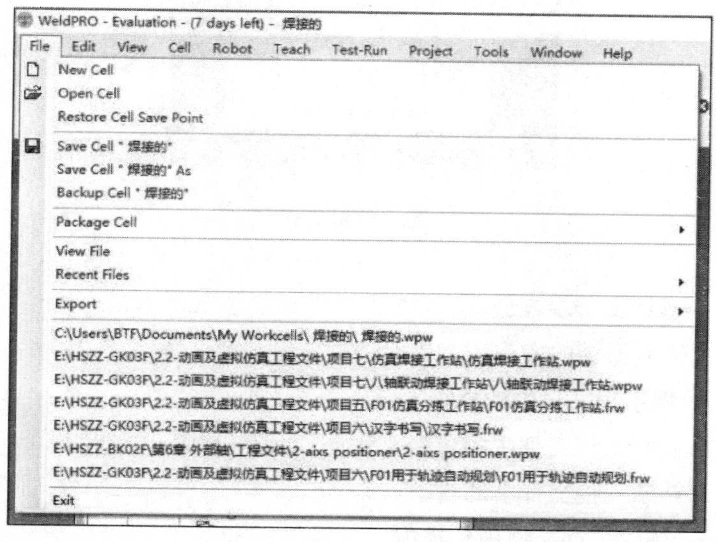

图 1-32　文件菜单

（1）New Cell：新建一个工程文件。

（2）Open Cell：打开已有的工程文件。

（3）Restore Cell Save Point：将工程文件恢复到上一次保存时的状态。

（4）Save Cell：保存工程文件。

（5）Save Cell As：另存文件，选择的存储路径必须与原文件不同。

（6）Backup Cell：备份生成一个.rgx 压缩文件到默认的备份目录。

（7）Package Cell：压缩生成一个.rgx 文件到任意目录。

（8）View File：查看当前打开的工程文件目录下的其他文件。

（9）Recent Files：最近打开过的工程文件。

（10）Exi：退出软件。

2. 编辑菜单

编辑菜单的选项主要是对工程文件内模型的编辑以及对已进行操作的恢复，如图 1-33 所示。

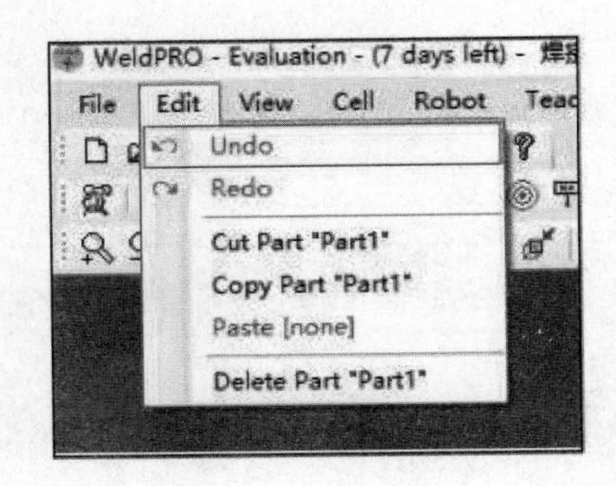

1-33　编辑菜单

（1）Undo：撤销上一步操作。

（2）Redo：恢复撤销的操作。

（3）Cut：剪切工程文件中的模型。

（4）Copy：复制工程文件中的模型。

（5）Paste：粘贴工程文件中的模型。

（6）Delete：删除工程文件中的模型。

3．视图菜单

视图菜单中的选项主要是针对软件三维窗口显示状态的操作，如图 1-34 所示。

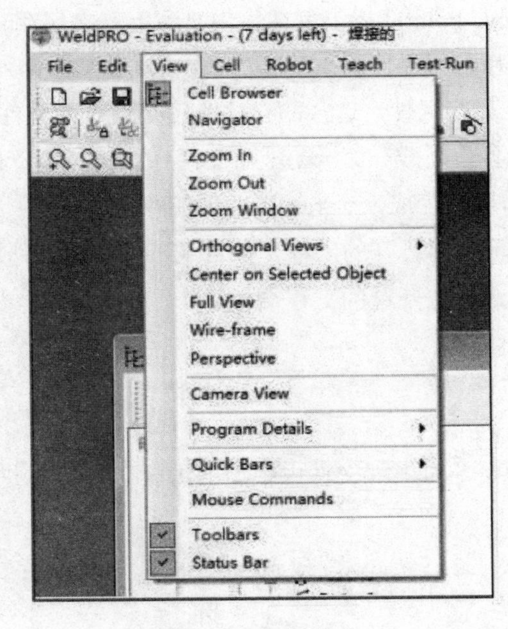

图 1-34　视图菜单

（1）Cell Browser：工程文件组成元素一览窗口的显示选项，单击此选项，弹出的窗口如图 1-35 所示。

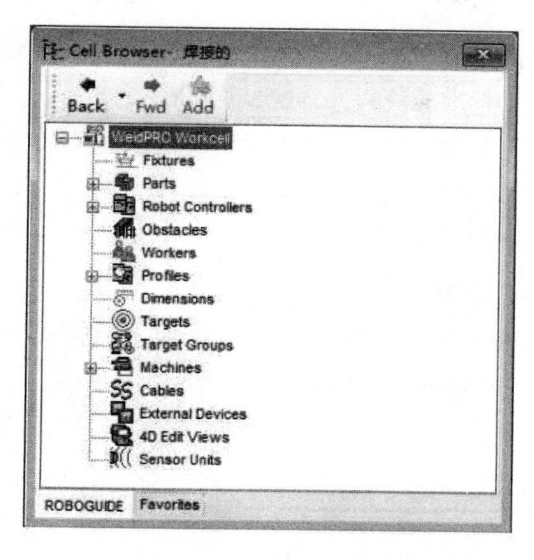

图 1-35　“Cell Browser”窗口

“Cell Browser”窗口将整个工程文件的组成元素，包括控制系统、机器人组成模型、程序及其他仿真元素，以树状结构图的形式展示出来，相当于工程文件的目录。

（2）Navigator：离线编程与仿真的操作向导窗口的显示选项，单击弹出的操作向导窗口，如图 1-36 所示。

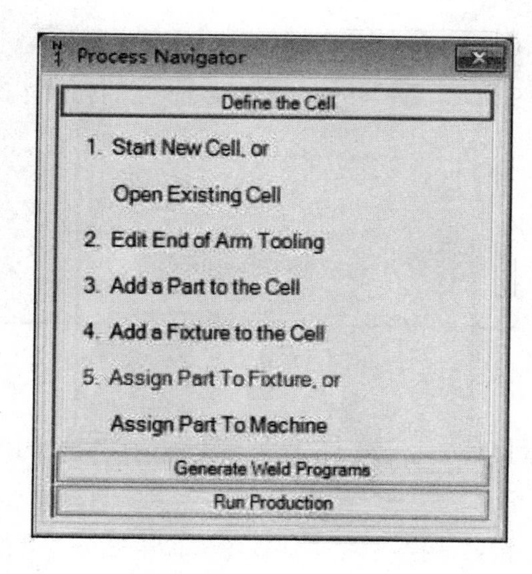

图 1-36　离线编程与仿真的操作向导窗口

初学者对 ROBOGUIDE 掌握得不熟练，对离线编程和仿真的流程缺乏了解，以至于无从下手。针对这种情况，软件中专门设置了具体实施的向导功能，以辅助初学者完成离线编程与仿真的工作。此向导功能将整个流程分为三个大步骤，每个大步骤含有多个小步骤，将模型创建、系统设置、模块设置到工作站的编程，以及最后的工作站仿真等一系列过程整合在一套标准的流程内。依次单击每一小步时，会弹出相应的功能模块，直接进入并进行操作，有效地降低了用户的学习成本。

（3）Zoom In：视图场景放大显示。

（4）Zoom Out：视图场景缩小显示。

（5）Zoom Window：视图场景局部放大显示。

（6）Orthogonal Views：视图场景正交显示（除了仰视图以外的所有正向视图）。

（7）Center on Selected Object：选定显示中心。

4．元素菜单

元素菜单主要是对于工程文件内部模型的编辑，如设置工程文件的界面属性、添加各种外部设备模型和组件等，如图 1-37 所示。

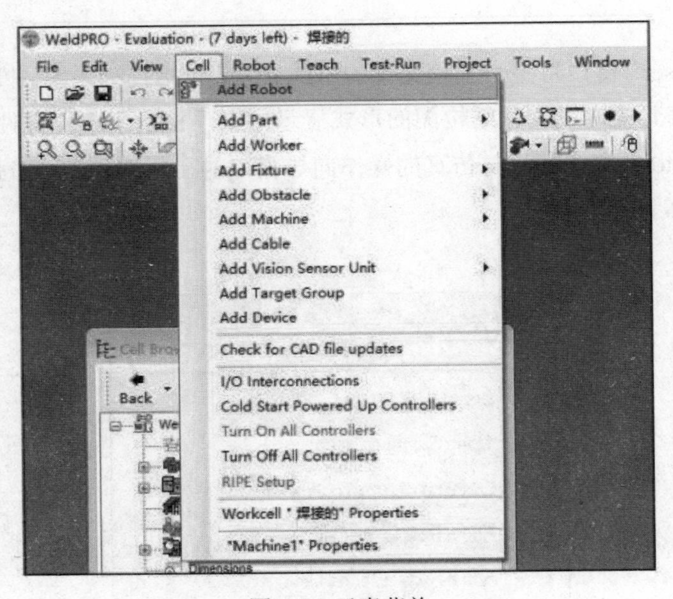

图 1-37 元素菜单

（1）Add Part 至 Add Device：添加各种外部设施的模型来构建仿真工作站，包括工件、工装台、外部电机等。

（2）Workcell Properties：调整工程文件视图窗口中部分内容的显示状态，如平面格栅的样式。

5．机器人菜单

机器人菜单中的选项主要是对机器人及控制系统的操作，如图 1-38 所示。

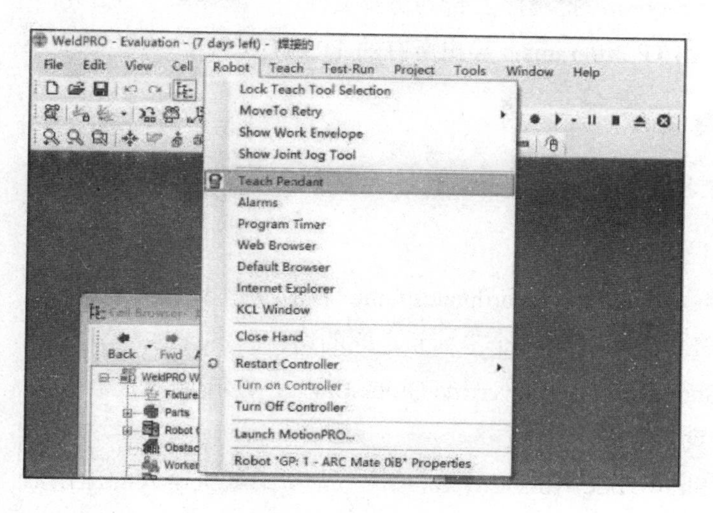

图 1-38 机器人菜单

（1）Teach Pendant：打开虚拟 TP。

（2）Restart Controlle：重启控制系统，包括控制启动、冷启动和热启动。

6．示教菜单

示教菜单选项的主要对象是程序的操作，包括创建 TP 程序、上传程序、导出 TP 程序等，如图 1-39 所示。

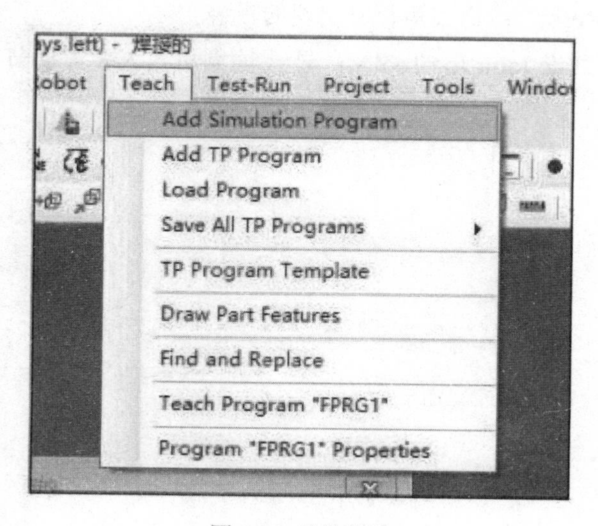

图 1-39 示教菜单

（1）Add Simulation Program：创建仿真程序。

（2）Add TP Program：创建 TP 程序。

（3）Load Program：把程序上传到仿真文件中。

（4）Save All TP Programs：导出所有的 TP 程序。

二、常用工具简介

1．机器人控制工具

主要介绍以下四个。

（1）（Show/Hide Jog Coordinates Quick Bar）：实现世界坐标系、用户坐标系、工具坐标系等各个坐标系之间的切换。

工业机器人坐标系

（2）（Show/Hide Gen Override Quick Bar）：显示/隐藏机器人执行程序时的速度。

（3）（Show/Hide Work Envelope）：显示/隐藏机器人的工作范围。

（4）（Show/Hide Teach Pendant）：显示/隐藏虚拟 TP。

2．程序运行工具

（1）（Record AVI）：运行机器人的当前程序并录制视频动画。

（2）（Cycle Start）：运行机器人当前程序。

（3）（Hold）：暂停机器人的运行。

（4）（Abort）：停止机器人的运行。

（5）（Fault Reset）：消除运行时出现的报警。

（6）（Show/Hide Joint Jog Tool）：显示/隐藏机器人关节调节工具。单击该按钮后如图 1-40 所示。

图 1-40　轴关节手动调节工具

在机器人每根轴关节处都会出现根绿色的调节杆，可以用鼠标拖动调节杆来调整轴的角度。当绿色的调节杆变成红色时，表示该位置超出机器人的运动范围，机器人不能到达。

（7）（Show/Hide Run Panel）：显示/隐藏运行控制面板。单击该按钮后出现图 1-41 所示的面板。

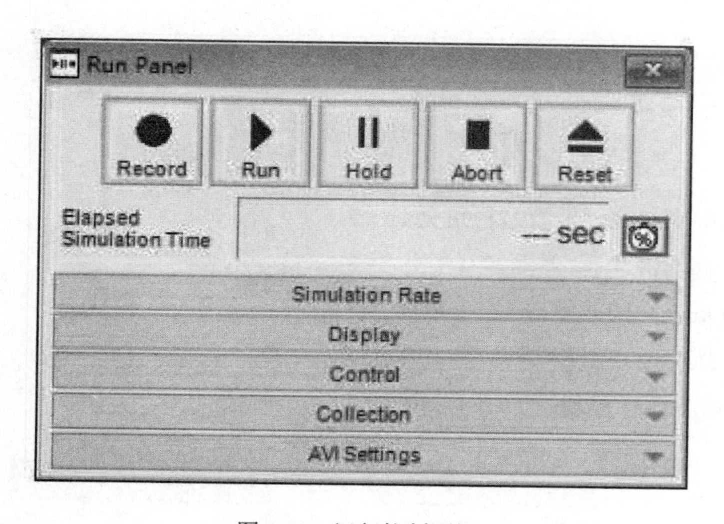

图 1-41　运行控制面板

常用设置选项说明如下。

① Simulation Rate：仿真速率，如图 1-42 所示。

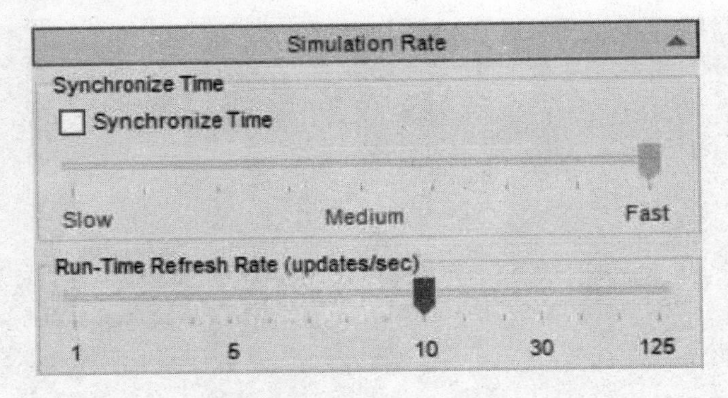

图 1-42 “Simulation Rate”下拉列表

Run-Time Refresh Rate：运行时间刷新率，值越大，运动越平滑。

② Display：运行显示，如图 1-43 所示。

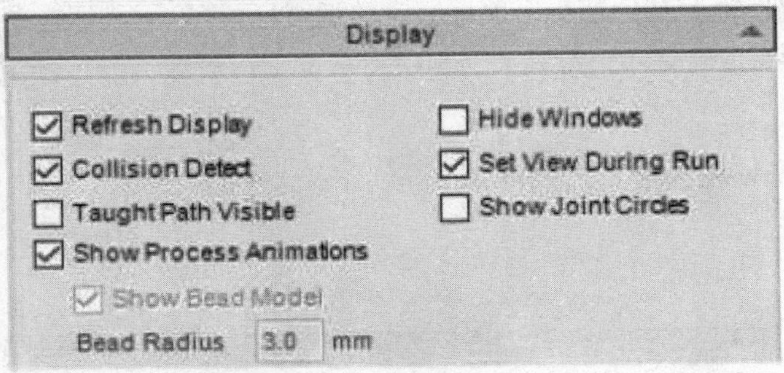

图 1-43 “Display”下拉列表

Taught Path Visible：示教路径可见。

Refresh Display：刷新界面。

Hide Windows：隐藏窗口。

Collision Detect：碰撞检测功能。

③ Control：运行控制，如图 1-44 所示。

图 1-44 “Control”下拉列表

Run Program In Loop：循环执行程序。

④ AVI Settings：录制视频设置，如图 1-45 所示。

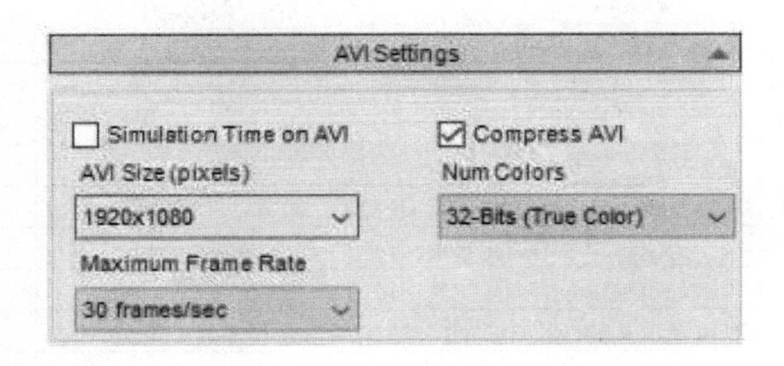

图 1-45　“AVI Settings”下拉列表

AVI Size（pixels）：设定录制视频的分辨率。

3．测量工具

此功能可用来测量两个目标位置间的距离和相对位置，分别在“From”和“To”下选择两个目标位置，即可在下面的“Distance”中显示出直线距离及 *X*、*Y*、*Z* 这三个轴上的投影距离和三个方向的相对角度。

在“From”和“To”下分别有一个下拉列表，如图 1-46 所示。若选择的目标对象是后续添加的设备模型，下拉列表中测量的位置可设置为实体或原点；若选择的对象是机器人模型，可将测量位置设置为实体、原点、机器人零点、TCP 和法兰盘。

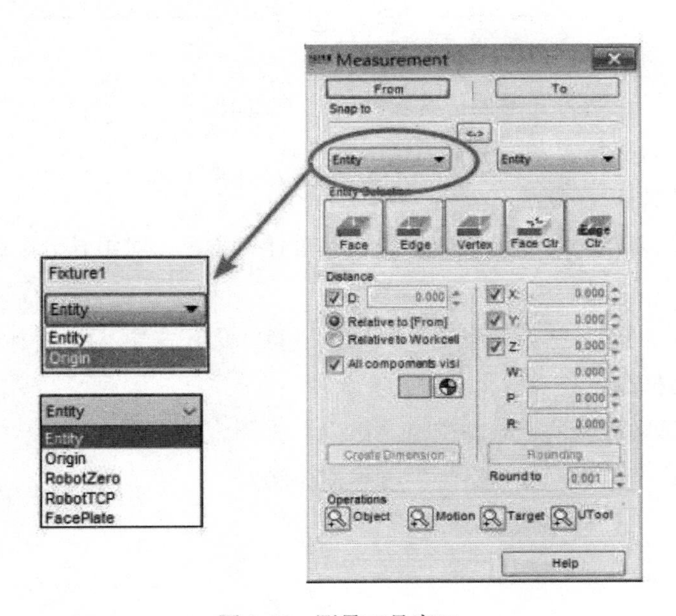

图 1-46　测量工具窗口

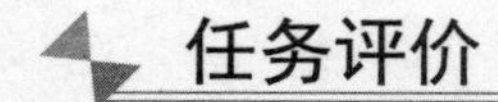

任务评价

表 1-4　任务评价表

评价方面	具体内容	自评	互评	师评
基本素养（30 分）	无迟到、早退、旷课现象（10 分）			
	操作安全规范（10 分）			
	具有较高的参与度和良好的团队协作能力、沟通交流能力（10 分）			
理论知识（20 分）	了解 ROBOGUIDE 软件常用菜单（10 分）			
	了解 ROBOGUIDE 软件常用工具（10 分）			
技能操作（50 分）	能够熟练使用 ROBOGUIDE 软件常用菜单和常用工具（50 分）			
综合评价				

思考与练习

1．平移视图的快捷键是什么？

2．如何测量机器人 TCP 到某个模型坐标原点的距离？

3．机器人工程文件在计算机存储中是一个单独的文件，请问这种说法是否正确？为什么？

4．安装 ROBOGUIDE 的注意事项有哪些？

5．HandlingPRO 模块主要从事的仿真应用是什么？

学习总结

本项目学习了初始离线编程仿真软件的相关知识。

建议学习总结应包含以下主要因素：

1．你在本项目中学到什么？

2．你在团队共同学习的过程中，曾扮演过什么角色，对组长分配的任务你完成得怎么样？

3．你对自己的学习结果满意吗？如果不满意，你还需要从哪几个方面努力？对接下来的学习有何打算？

4．学习过程中经验的记录与交流（组内）。

5．你觉得这个课程哪里最有趣？哪里最无聊？

项目二　创建工业机器人虚拟仿真工作站

RobotStudio 是 ABB 公司专门开发的工业机器人离线编程软件，它提供了在计算机中进行机器人示教器操作练习的功能，用于机器人单元的建模、离线创建和仿真。当 RobotStudio 与真实控制器一起使用时，它处于在线模式；当处于未连接到真实控制器或连接到拟控制器的情况下时，RobotStudio 处于离线模式。RobotStudio 软件以其操作简单、界面友好和功能强大得到广大使用者的好评。

本项目利用 RobotStudio 软件创建仿真 FST 工业机器人实训平台，实物如图 2-1 所示。该平台是一套融合工业机器人基本操作、系统集成应用于一体的工业机器人教学实训系统，包含 ABB IRB 120 六自由度工业机器人、PLC 控制系统及多个系统应用模块，通过工业现场总线进行通信。实训平台可以进行工业机器人基本操作、编程训练、模拟焊接和涂胶、搬运码垛、视觉分拣、视觉定位纠偏与分拣、夹具自动上下料、工件自动装配、立体仓库自动出入库等应用教学。

本项目将进行 FST 工业机器人工作站的硬件布局和控制系统创建。

图 2-1　FST 工业机器人实训平台

任务一 创建机器人工作站

任务描述

本任务利用已给的.rslib 格式工作站模型文件，完成创建机器人空工作站、导入机器人工具并安装到法兰盘上、加载机器人周边模型和机械装置并布局，最终效果如图 2-2 所示。

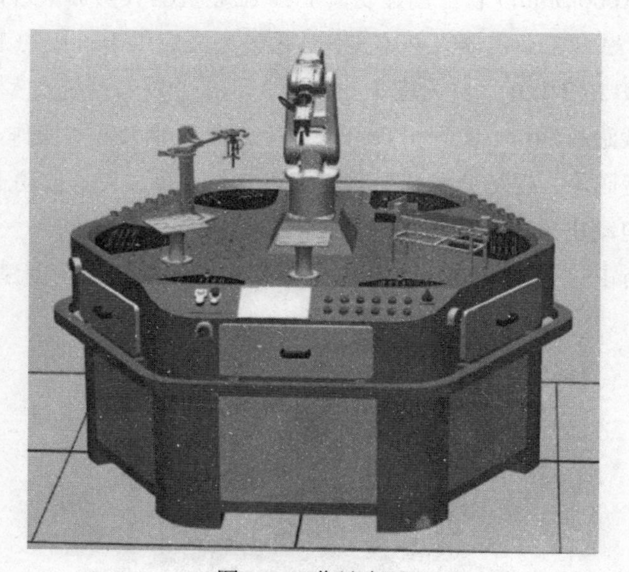

图 2-2 工作站布局

任务实施

1．创建机器人空工作站

打开 ABB RobotStudio 软件，如图 2-3 所示。选中“空工作站”，单击右侧的“创建”，如图 2-4 所示是空工作站。

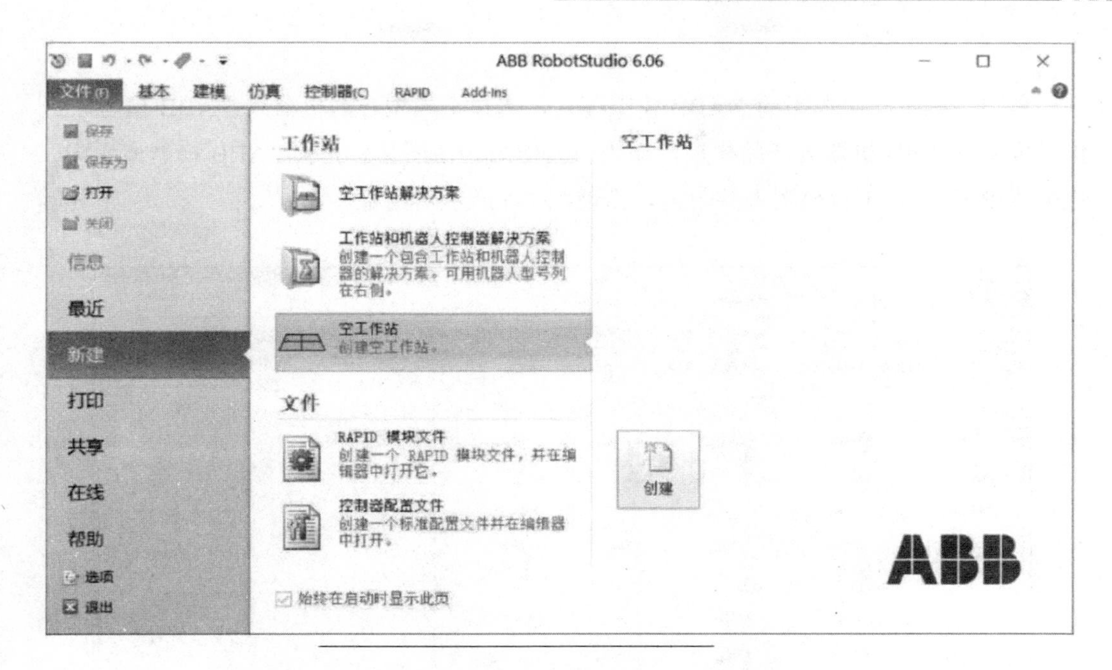

图 2-3　RobotStudio 软件打开界面

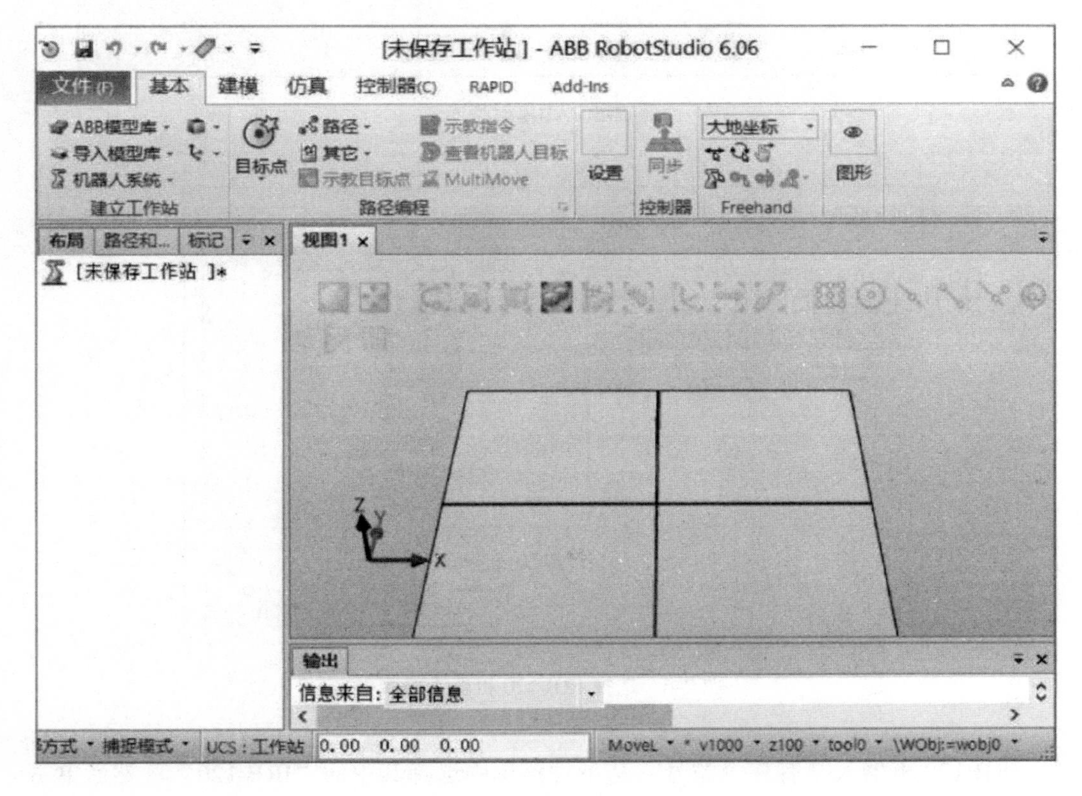

图 2-4　空工作站

2．导入机器人

单击“基本”菜单下的“ABB模型库”，选择不同型号的机器人，ABB模型库提供了大部分ABB机器人产品模型，作为仿真使用。在图2-5所示“ABB模型库”中，选中“IRB 120”工业机器人并单击，出现图2-6所示对话框。

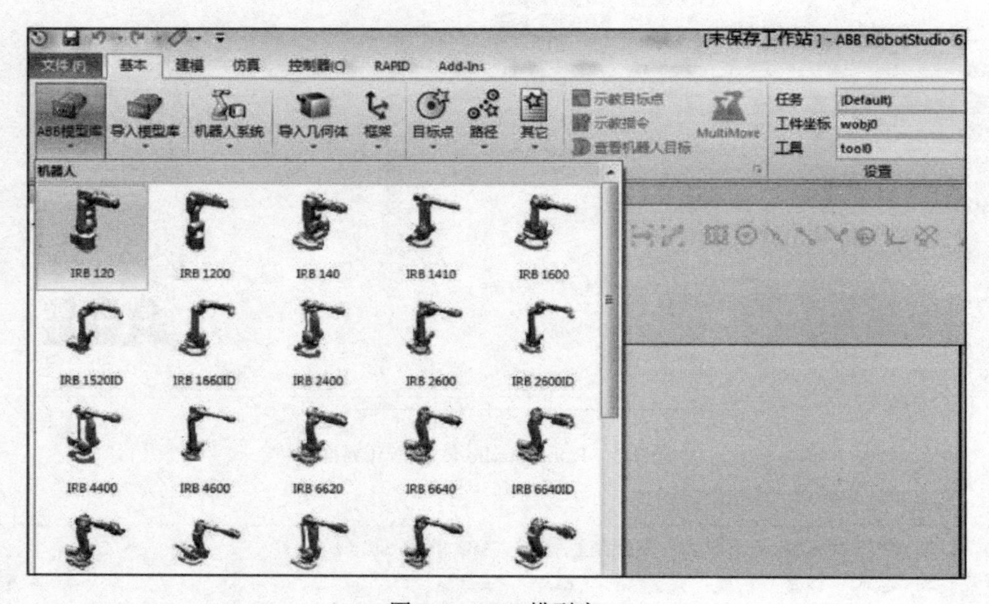

图2-5　ABB模型库

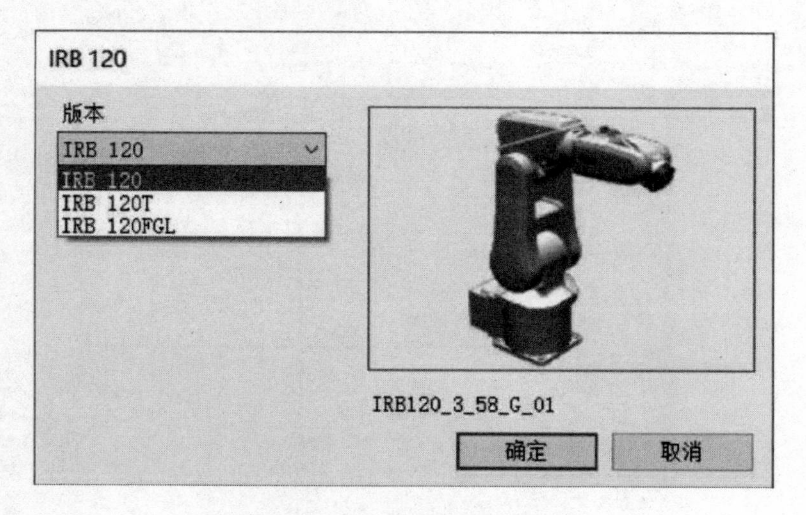

图2-6　选择IRB 120机器人模型

IRB 120机器人共有三个型号，从下拉菜单中选择其中的“IRB 120”，然后单击对话框中的“确定”按钮，在工作站中出现了IRB 120机器人模型，如图2-7所示。

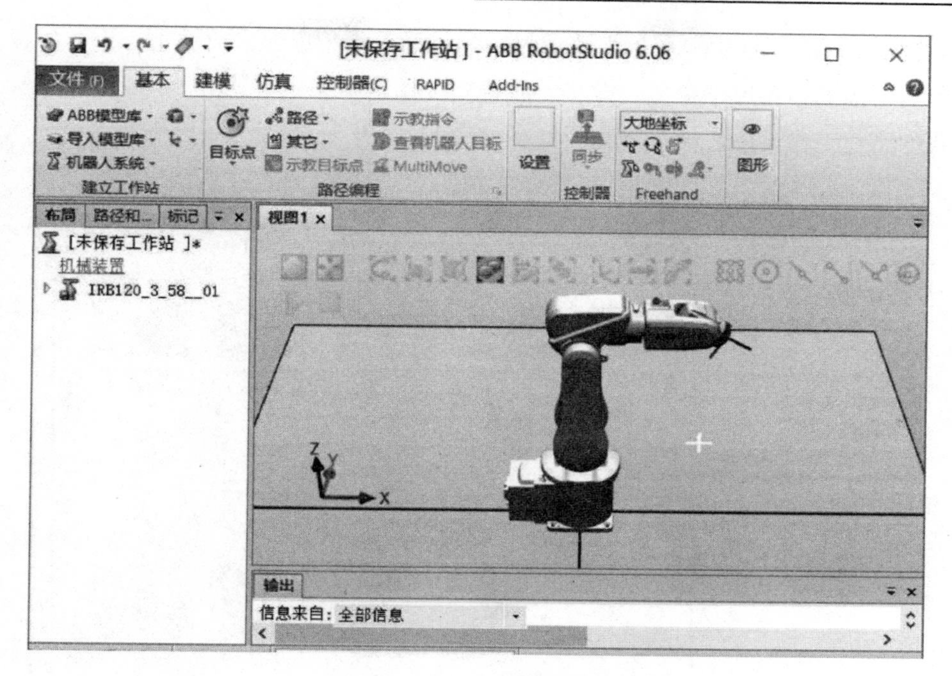

图 2-7　添加 IRB 120 机器人

3．导入机器人工具并安装到法兰盘

Robotstudio 软件设备库提供常用的标准机器人工装设备，包括 IRC 控制柜、弧焊设备、输送链、其他、工具及 Training Objects 大类，如图 2-8 所示。

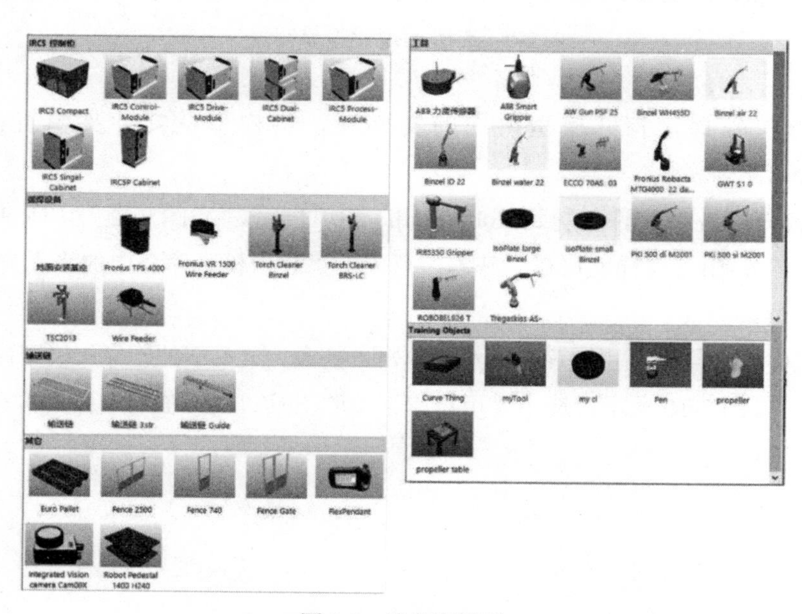

图 2-8　设备库模型

如图 2-9 所示，选中“基本”菜单栏中的“导入模型库”，再单击“设备”按钮，然后单击所需的设备库中模型，即将它放置到工作站中。

我们所建工作站的机械模型需要从外部导入。

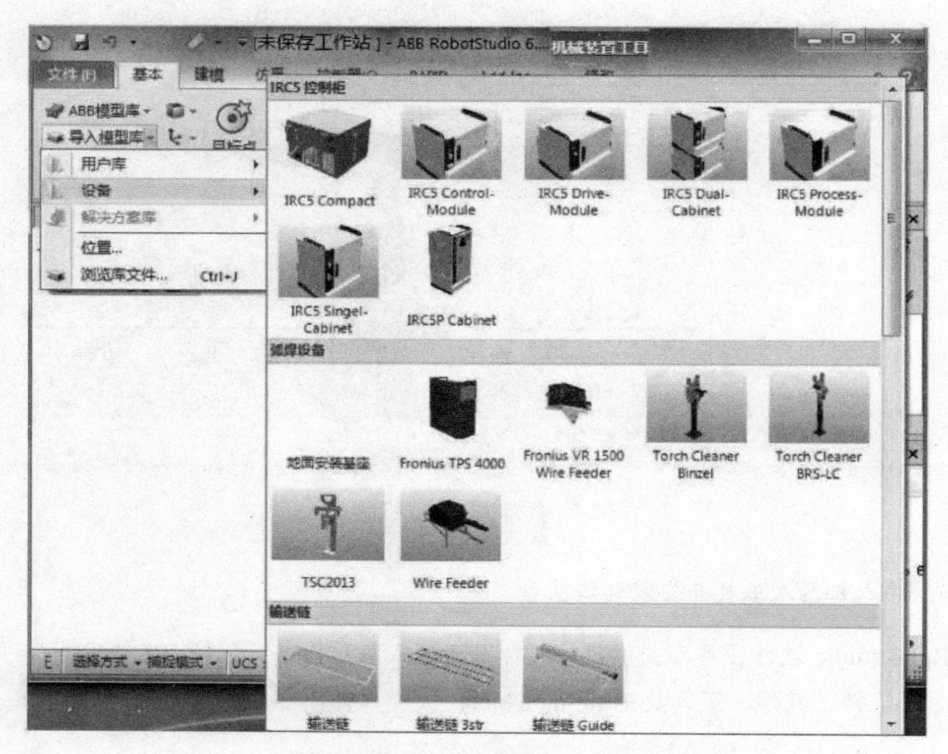

图 2-9　选择 ABB 模型库设备

一种方法是直接打开模型所在的文件夹，将模型从文件夹中直接拖动到 RobotStudio 工作站中。

另一种方法是，将文件复制到 RobotStudio 的用户库（“我的文档”→“RobotStudio”→“Libaries”）中，这样就可在“基本”菜单下“导入模型库”中的“用户库”中调用该机械模型。

这里先将模型复制至用户库下，然后单击“基本”菜单下的“导入模型库”，选中“用户库”，如图 2-10 所示。选中“用户库”中的工具“ClawTool”并单击。

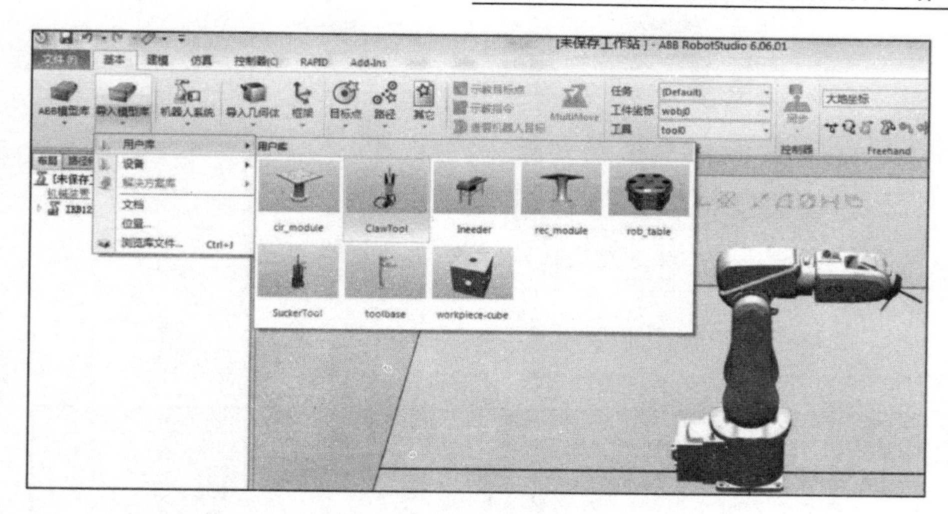

图 2-10 选择“ClawTool”

当机器人工具“ClawTool”添加完成后，工具位置如图 2-11 所示。此时工具“ClawTool”没有安装在机器人法兰盘上，在图 2-11 中左侧的“布局”窗口中，选中“ClawTool”图标并拖动到 IRB 120 机器人图标上，放开鼠标后出现“更新位置”对话框，如图 2-12 所示。

在“更新位置”对话框中，单击“是”，工具“ClawTool”就安装到机器人法兰盘上，如图 2-13 所示。

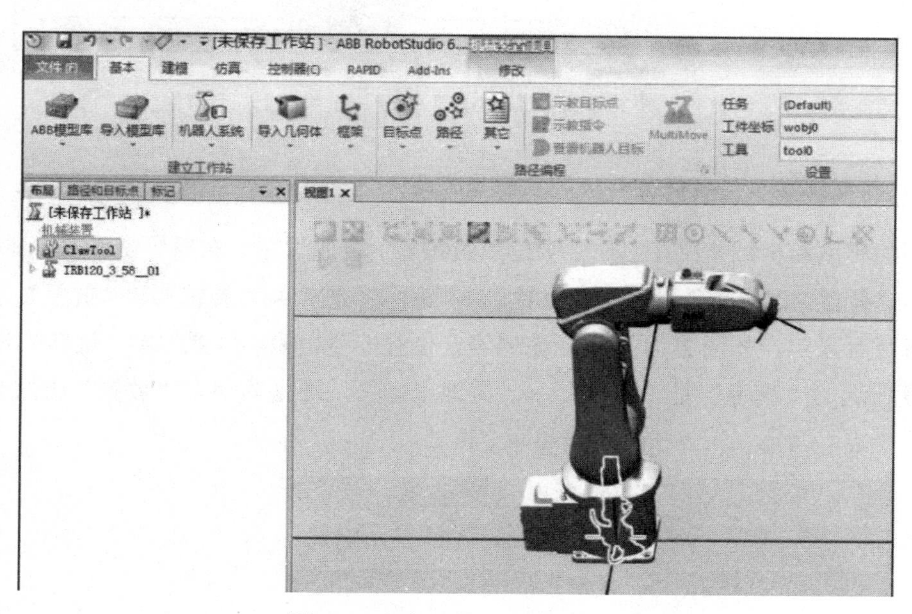

图 2-11 添加工具“ClawTool”

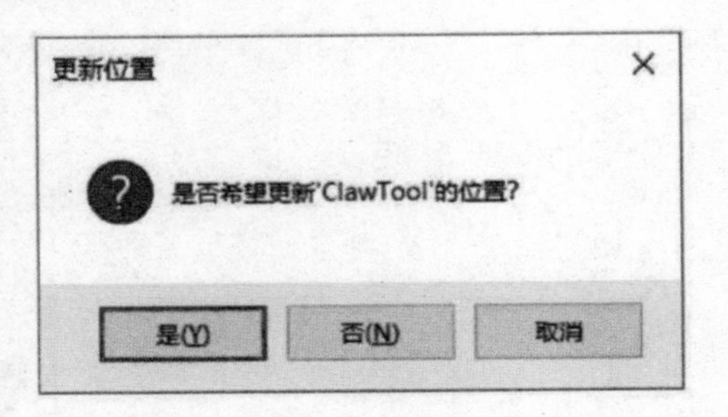

图 2-12　更新工具“ClawTool”位置

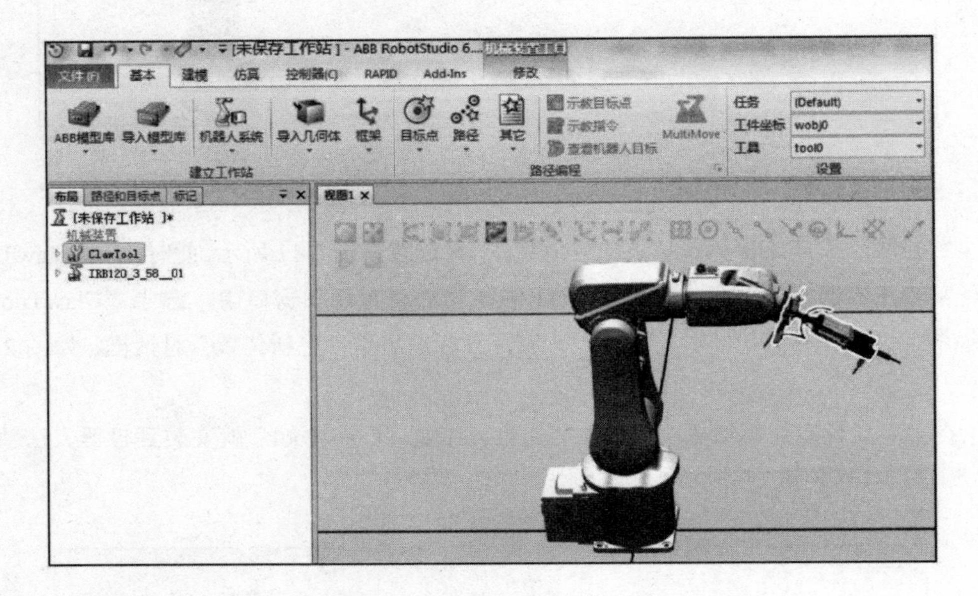

图 2-13　“ClawTool”安装到法兰盘上

4. 加载机器人周边模型和机械装置并布局

周边模型和机械装置在工作站中位置的布局主要通过在“布局”窗口右击该模型，然后从“位置”选项中选择“设定位置”→“偏移位置”→“旋转”和“放置”方式中的一种进行设定，如图 2-14 所示。在“设定位置”→“偏移位置”→“旋转”设置时要注意所选的“参考”是“本地”→“大地坐标”，还是其他。“放置”方式也有 5 种：一个点、两点、三点法、框架和两个框架。

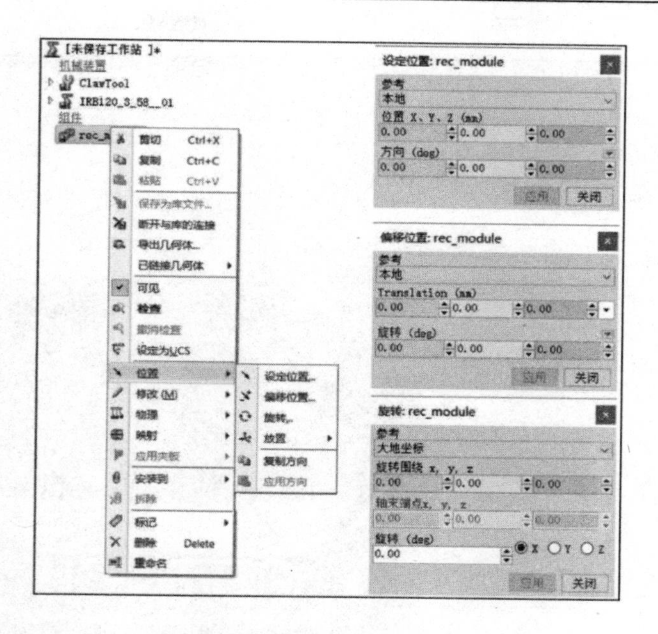

图 2-14　设定位置方式

本任务对模型的位置设定直接采用了“设定位置”的方式。

（1）添加工作台“rob_table”。单击“基本”菜单下的“导入模型库”，单击“用户库”，如图 2-15 所示。

图 2-15　选中用户库

选中模型“rob_table”并单击，添加工作平台“rob_table”，如图 2-16 所示。

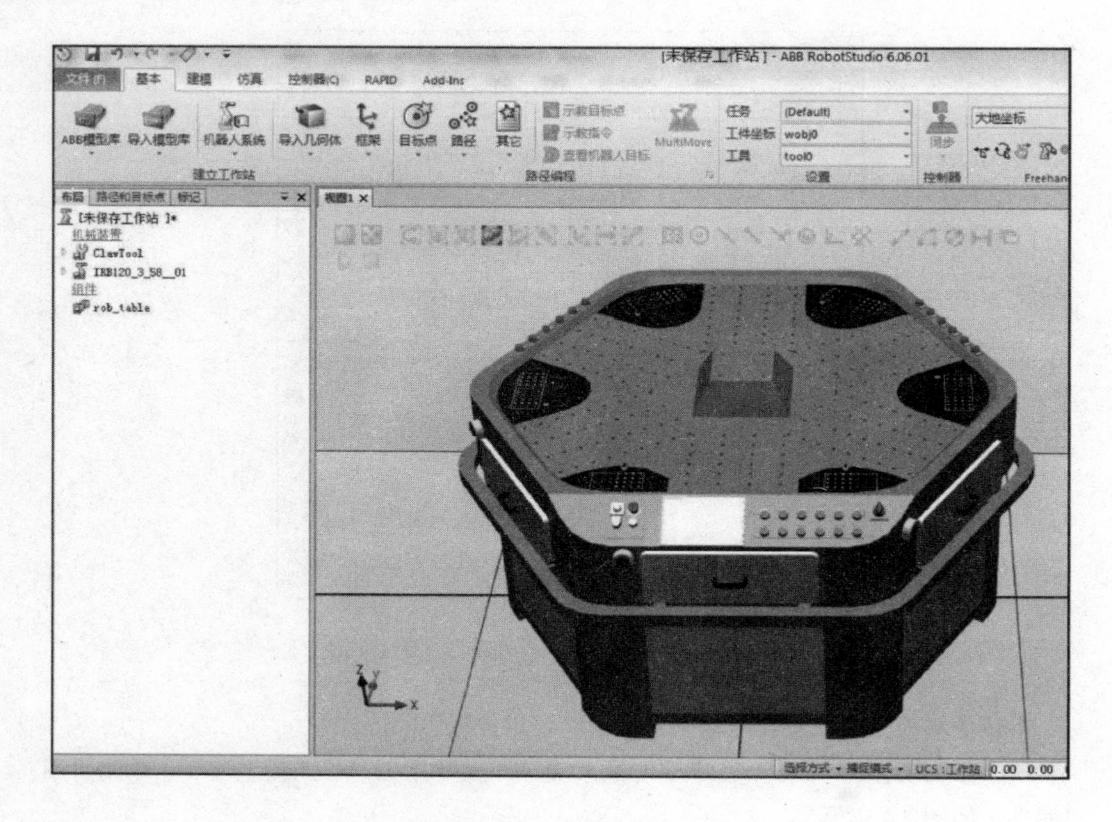

图 2-16　添加“rob_table”模型

添加工作平台“rob_table”后，其位置设定如图 2-17 所示。

设定位置: rob_table

参考

大地坐标

位置 X、Y、Z (mm)

0.00　0.00　0.00

方向 (deg)

0.00　0.00　0.00

应用　关闭

图 2-17　机器人工作台位置设定

然后将机器人安装到工作平台上的机器人基座上。在“布局”窗口，选中 IRB 120 机器人并右击，选中“位置”→“设定位置”，按照图 2-18 所示的数据修改机器人位置参数，修改完毕后，单击“应用”并“关闭”，将机器人安装在工作平台上，如图 2-19 所示。

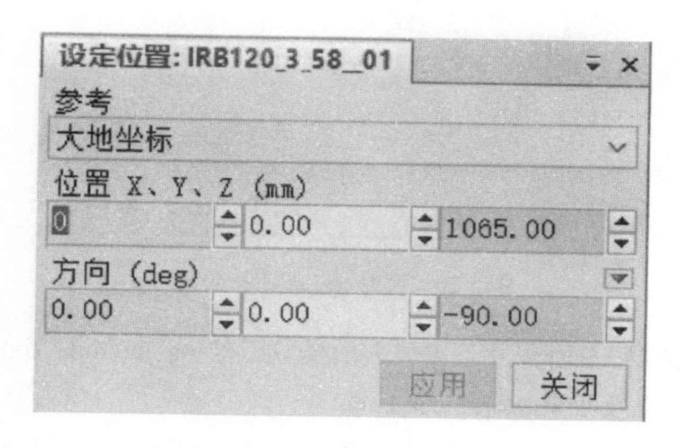

图 2-18 设定机器人位置

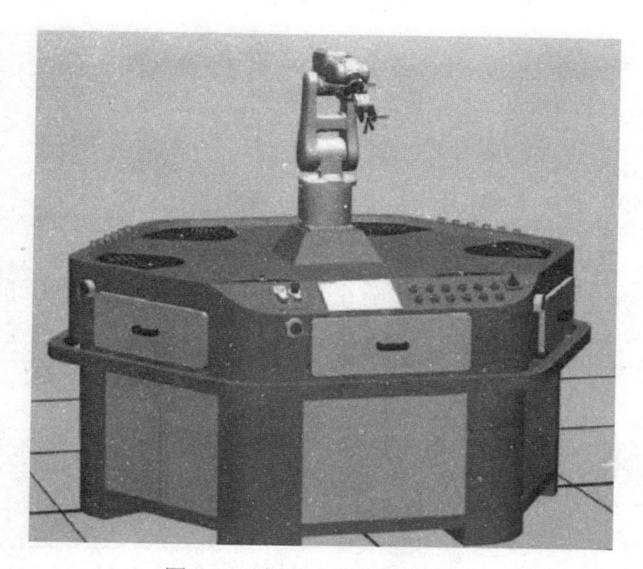

图 2-19 机器人位置设定完成

（2）添加“cir_ module”。单击“基本”菜单下的“导入模型库”，再单击“用户库”，选中“cir_ module”并单击，添加“cir_ module”。在“布局”窗口，选中“cir_ module”并右击，选中“位置”，单击“设定位置”，按照图 2-20 所示的数据修改“cir_ module”位置参数，修改完毕后，单击“应用”并“关闭”。

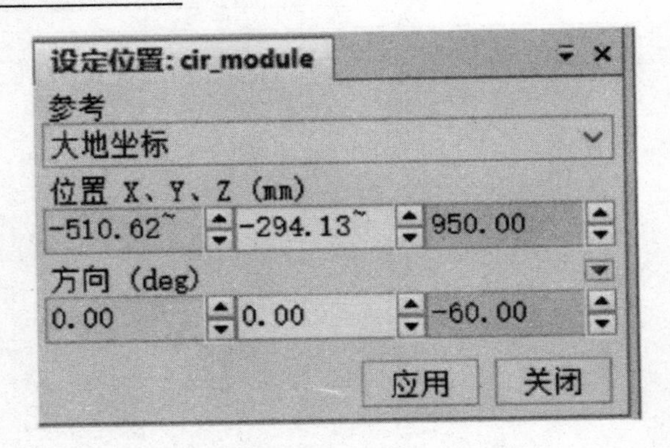

图 2-20　设定 cir_ module 位置

（3）其余模型导入。工作站中需要导入的模型还有 rec_ module、toolbase、SuckerTool 和 InFeeder 各一个以及两个 Workpiece-cube。

导入 rec_module、toolbase、SuckerTool 和 Infeeder 模型后，采用与设置“cir_ module”相同的方法设置位置，其位置设置如图 2-21 所示。

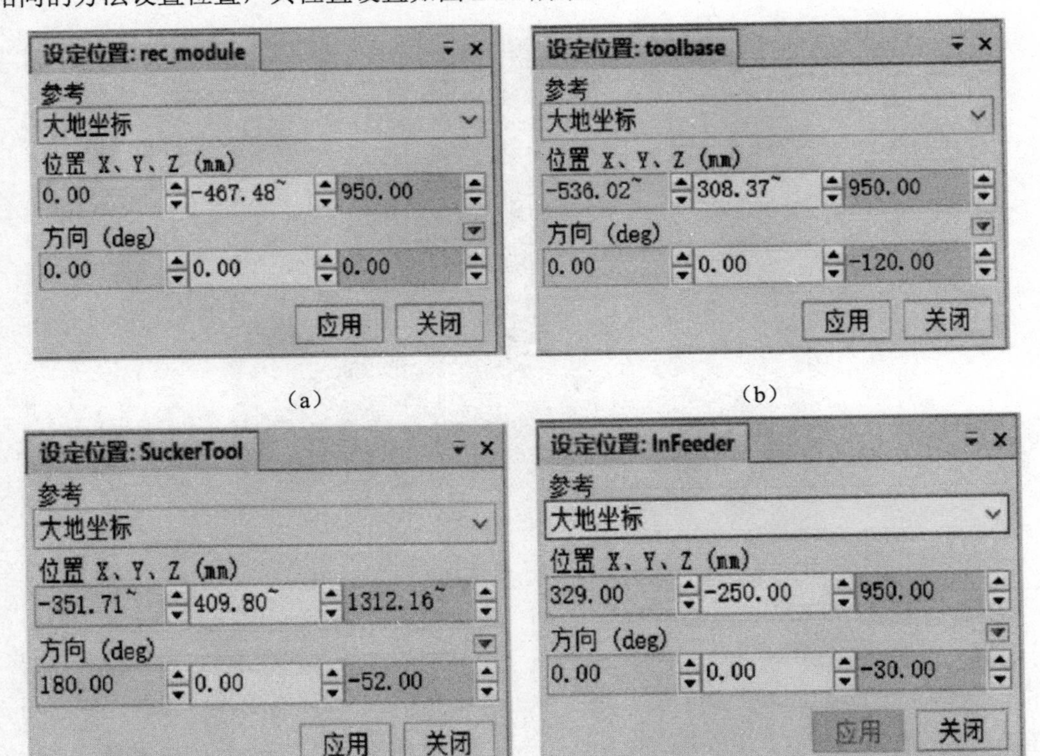

图 2-21　各模块位置设定

（a）rec_module 位置参数；（b）toolbase 位置参数；（c）SuckerlTool 位置参数；（d）InFeeder 位置参数

（4）添加两个工件“Workpiece- cube”。添加两个工件“Workpiece-cube”，一个工件用于传送带传送，另一个工件用于示教。在“布局”窗口选中“Workpiece-cube_2”并右击，将该工件重命名为“Workpicce-cube_示教”，如图 2-22 所示。

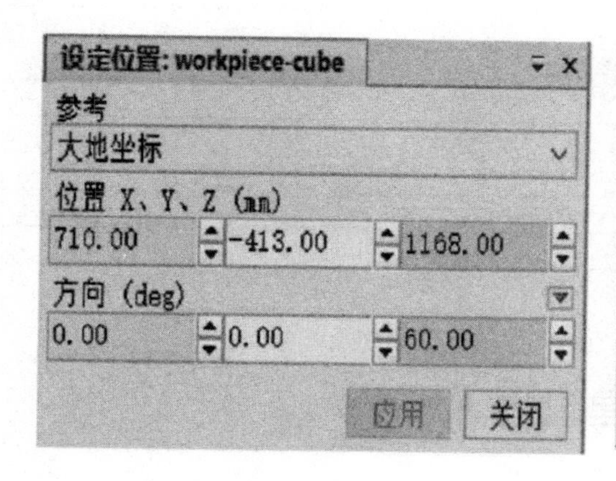

（a）

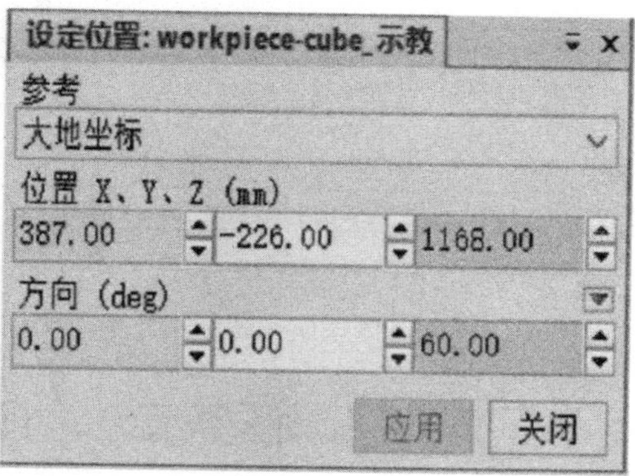

（b）

图 2-22　设定 Workpiece-cube 位置参数

（a）Workpiece-cube 位置参数；（b）Workpiece-cube_示教位置参数

至此，工作站布局就创建完成了，RobotStudio 软件窗口如图 2-23 所示，可保存工作站 XM2_FST. Rsstn。

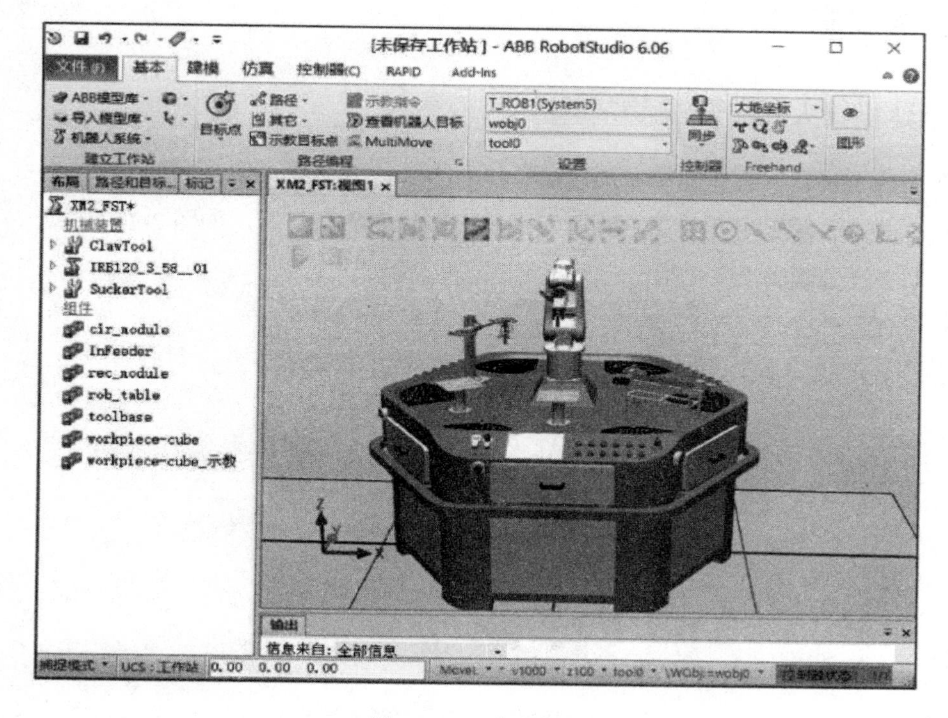

图 2-23　工作站窗口

任务评价

表 2-1 任务评价表

评价方面	具体内容	自评	互评	师评
基本素养（30 分）	无迟到、早退、旷课现象（10 分）			
	操作安全规范（10 分）			
	具有较高的参与度和良好的团队协作能力、沟通交流能力（10 分）			
理论知识（20 分）	了解创建机器人工作站的步骤（20 分）			
技能操作（50 分）	能够按步骤创建机器人工作站（50 分）			
综合评价				

任务二 创建机器人系统

任务描述

本任务主要为创建的 XM2_FST 机器人工作站创建机器人系统，创建完成后将工作站共享打包。

创建机器人系统

任务实施

一、创建机器人系统方法

在完成了机器人工作站的布局以后，接着为机器人创建系统。

在“基本”菜单下，单击“机器人系统”下的“从布局”，如图 2-24 所示。

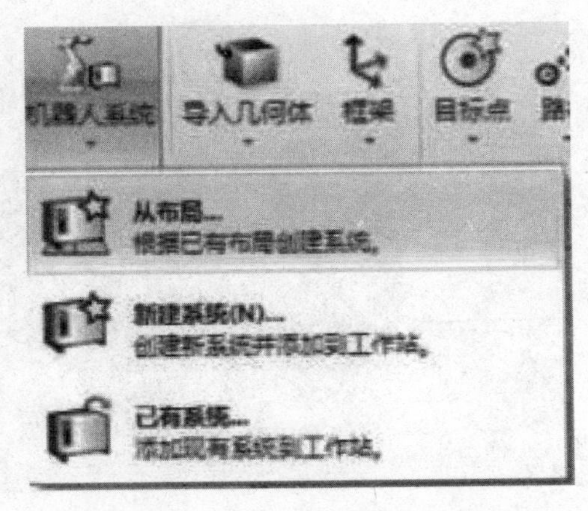

图 2-24 选择“从布局”创建系统

在图 2-25 所示界面中，选择 RobotWare 版本为 6.06，可以修改机器人控制系统的名称，设定保存位置，然后单击“下一个”按钮。

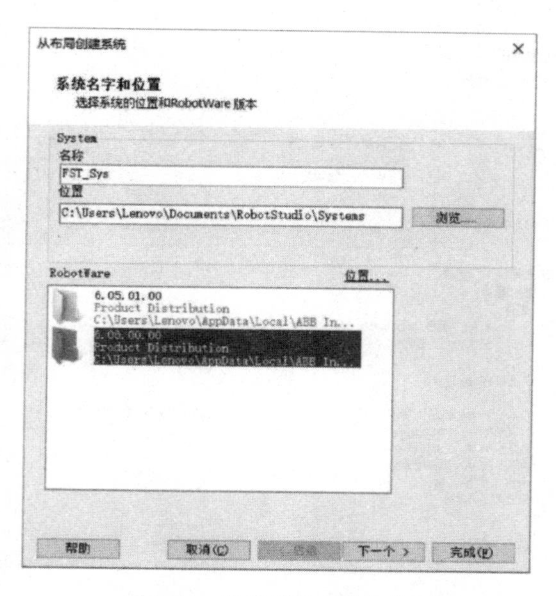

图 2-25　设置系统名称和位置

如图 2-26 所示，在“选择系统的机械装置”中确认机器人被选中，继续单击“下一个”，出现如图 2-27 所示“系统选项”窗口。

图 2-26　选择系统的机械装置

在图 2-27 中单击“选项”，出现如图 2-28 所示“更改选项”界面。

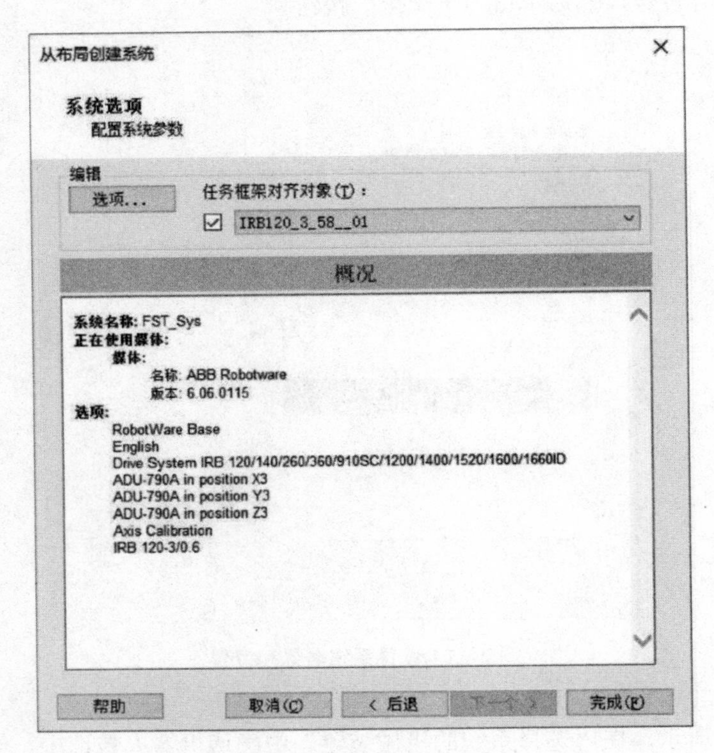

图 2-27　系统选项

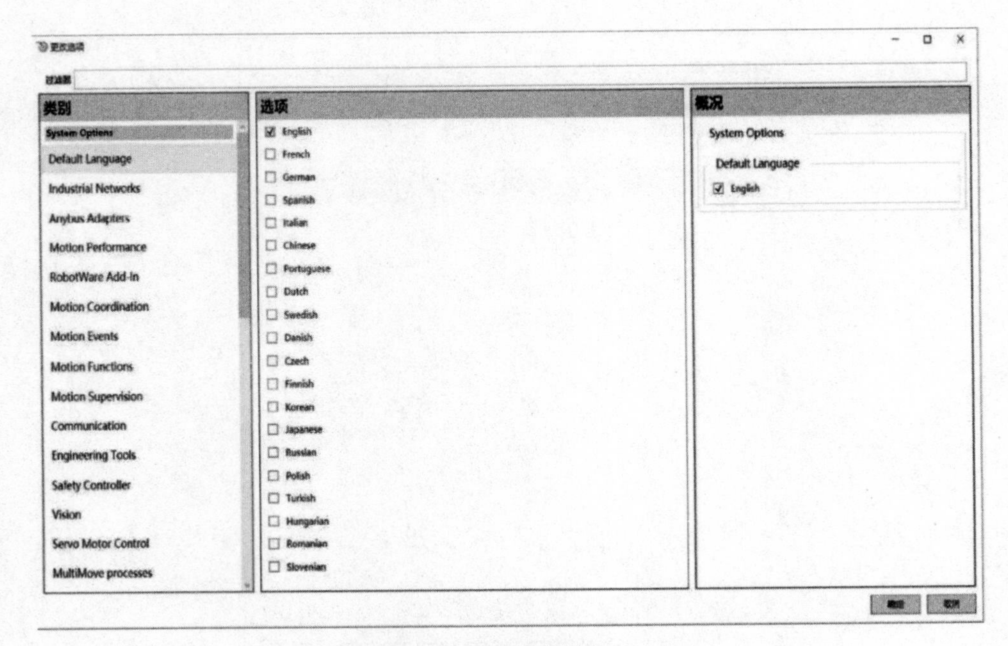

图 2-28　默认语言设置为 Chinese

选中左侧“类别”下的“Default Language”，现将默认的语言“English”前的“√”去除，然后选择“Chinese”选项，将机器人默认语言修改为中文。

单击“类别”菜单下的“Industrial Networks”选项，选择右侧的“709-1 DeviceNet Master/ Slave”作为工业网络，如图 2-29 所示。

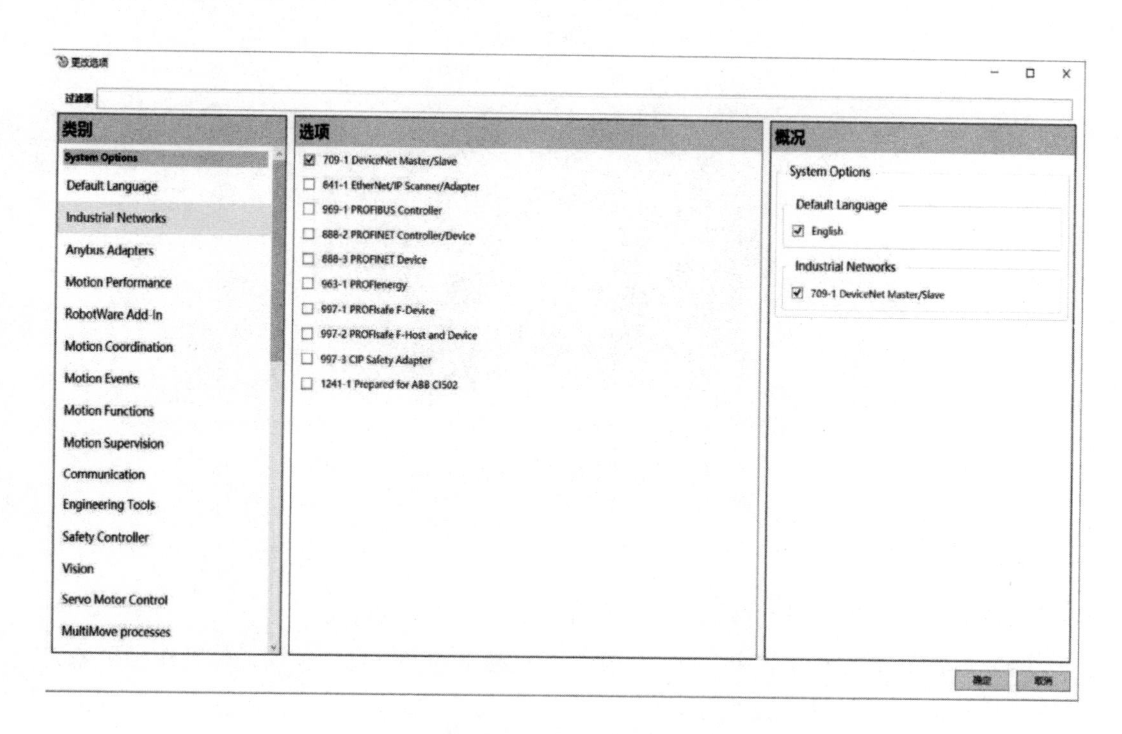

图 2-29　选择工业网络

完成选择后，单击“确定”按钮，回到如图 2-27 所示的从布局创建系统界面。单击图 2-27 中的“完成”按钮后，可以看到右下角“控制器状态”为红色，表示系统正在创建中，如 2-30 所示。

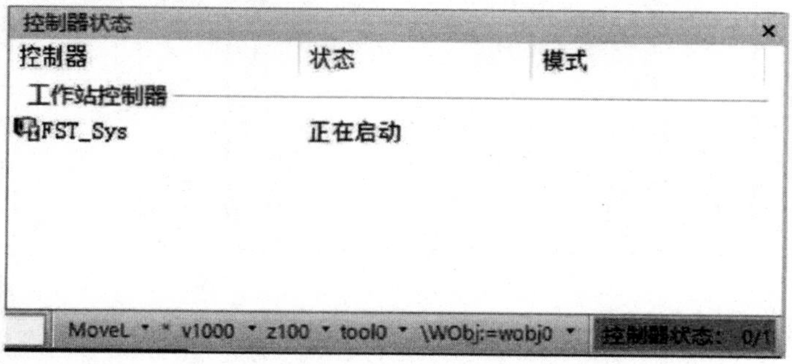

控制器状态
控制器	状态	模式
工作站控制器		
FST_Sys	正在启动	

MoveL * v1000 * z100 * tool0 * \WObj:=wobj0 * 控制器状态：0/1

图 2-30　控制器状态为红色

等待“控制器状态”变成绿色，如图 2-31 所示，机器人系统就创建完成了。

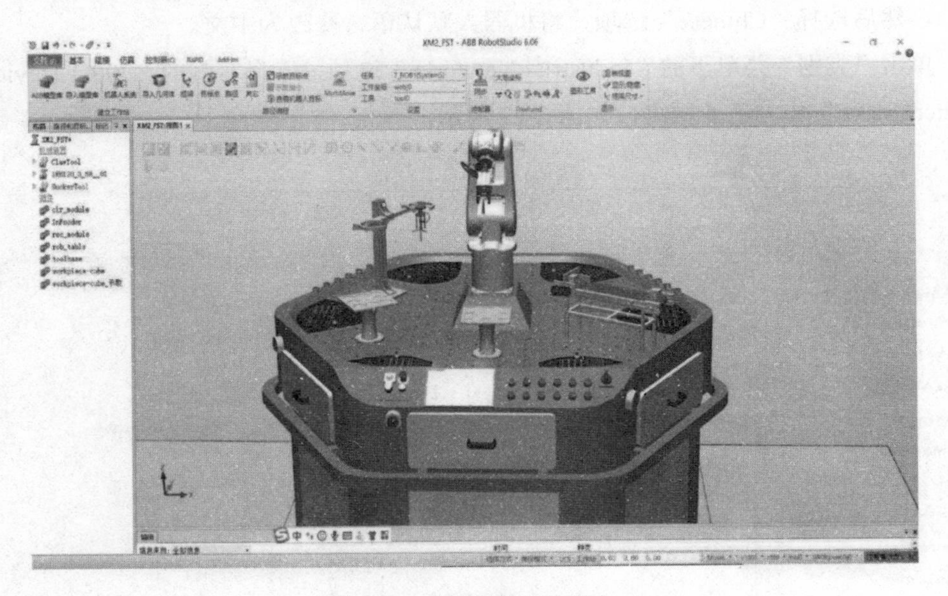

图 2-31　控制器状态为绿色

二、工作站打包

当机器人工作站创建完成后，再次对工作站进行保存操作。

（1）查看工作站系统信息。单击“文件”菜单中的“信息”选项，可以查看机器人系统的相关信息，如图 2-32 所示。

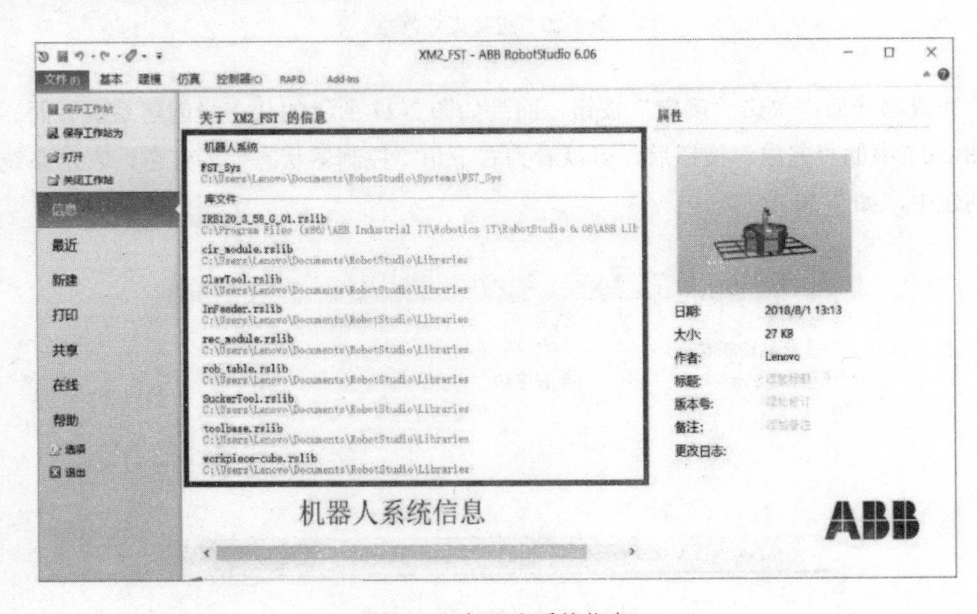

图 2-32　机器人系统信息

（2）工作站打包。如果工作站需要在其他计算机上使用，还可以将工作站、控制系统等文件进行打包。单击图 2-33 中“共享”按钮，选择“打包”选项，出现对话框，如图 2-34 所示。

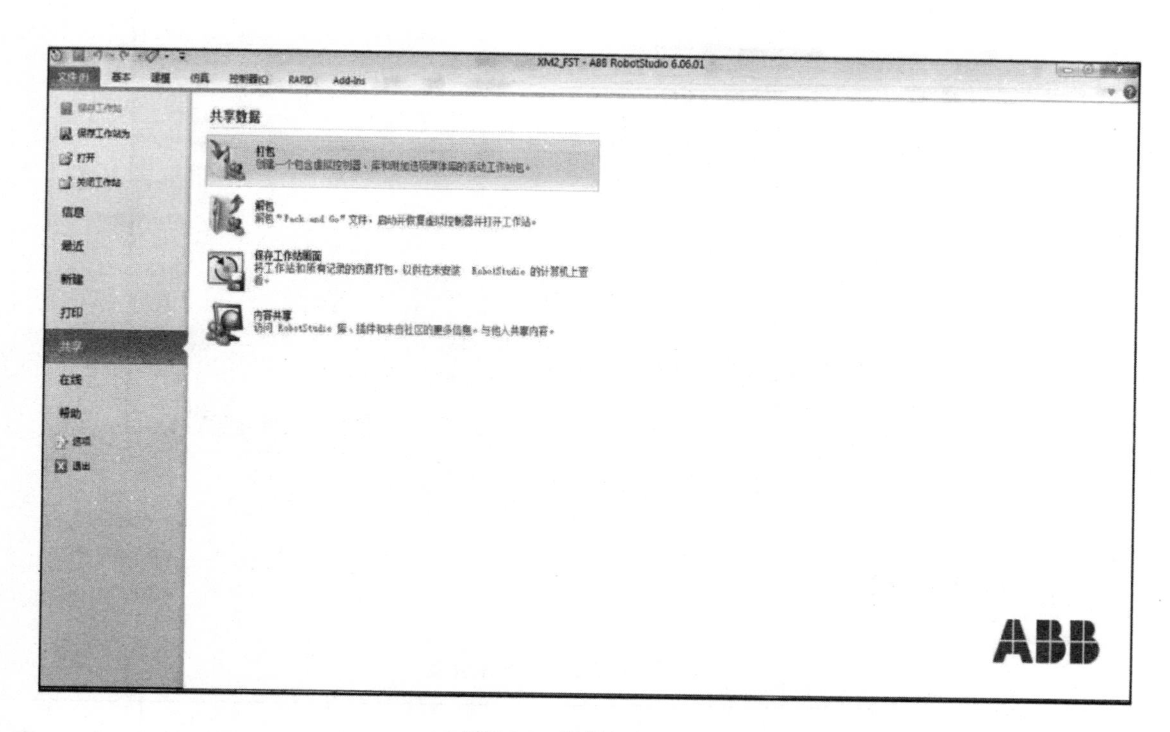

图 2-33　选择打包

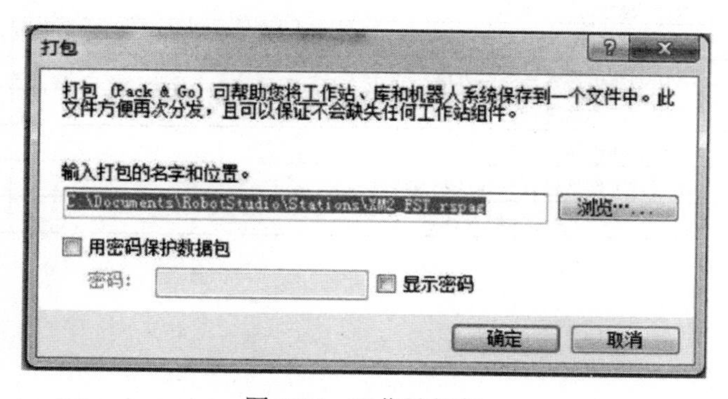

图 2-34　工作站打包

在图 2-34 中，单击“浏览”，出现如图 2-35 所示页面。在图 2-35 中，将工作站命名为“XM2_FST”，然后单击“保存”，工作站文件就打包完成了，可方便以后使用。工作站打包文件名扩展名为.rspag。

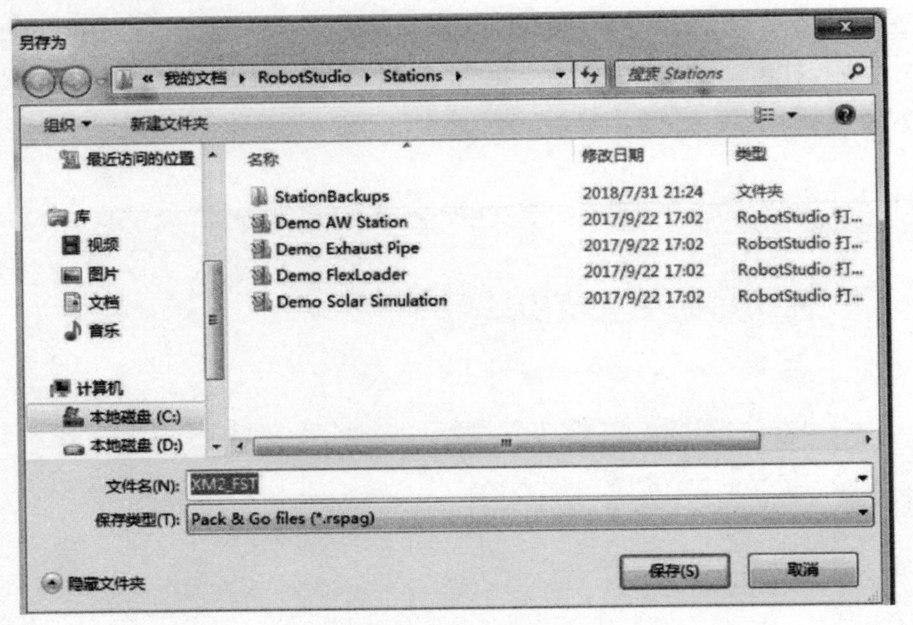

图 2-35　打包文件

任务评价

表 2-2　任务评价表

评价方面	具体内容	自评	互评	师评
基本素养（30 分）	无迟到、早退、旷课现象（10 分）			
	操作安全规范（10 分）			
	具有较高的参与度和良好的团队协作能力、沟通交流能力（10 分）			
理论知识（20 分）	掌握创建机器人系统的方法（10 分）			
	掌握对工作站进行打包的方法（10 分）			
技能操作（50 分）	能够创建机器人系统（25 分）			
	能够对工作站进行打包（25 分）			
综合评价				

任务三　创建工作站和机器人控制器解决方案

任务描述

在任务一和任务二中，通过创建工作站和创建系统完成了仿真工作站的创建，本任务介绍一种通过创建工作站和机器人控制器解决方案创建仿真工作站的方法。

任务实施

打开 RobotStudio 软件，如图 2-36 所示，选中“新建”选项下的“工作站和机器人控制器解决方案”，在右边的“工作站和机器人控制器解决方案”窗口设置名称、位置、机器人型号等信息后，单击“创建”，会自动创建带机器人和系统的工作站。

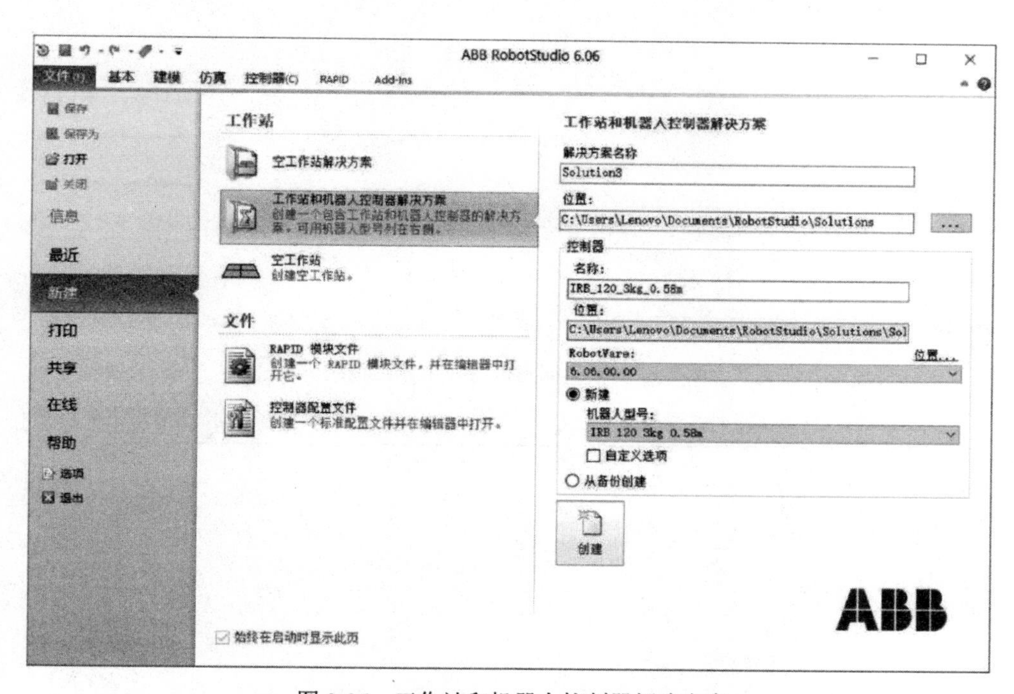

图 2-36　工作站和机器人控制器解决方案

图 2-37 为系统在创建过程中。在创建过程中根据所选的机器人类型可能会要求再次选择机器人具体型号，如图 2-38 所示。

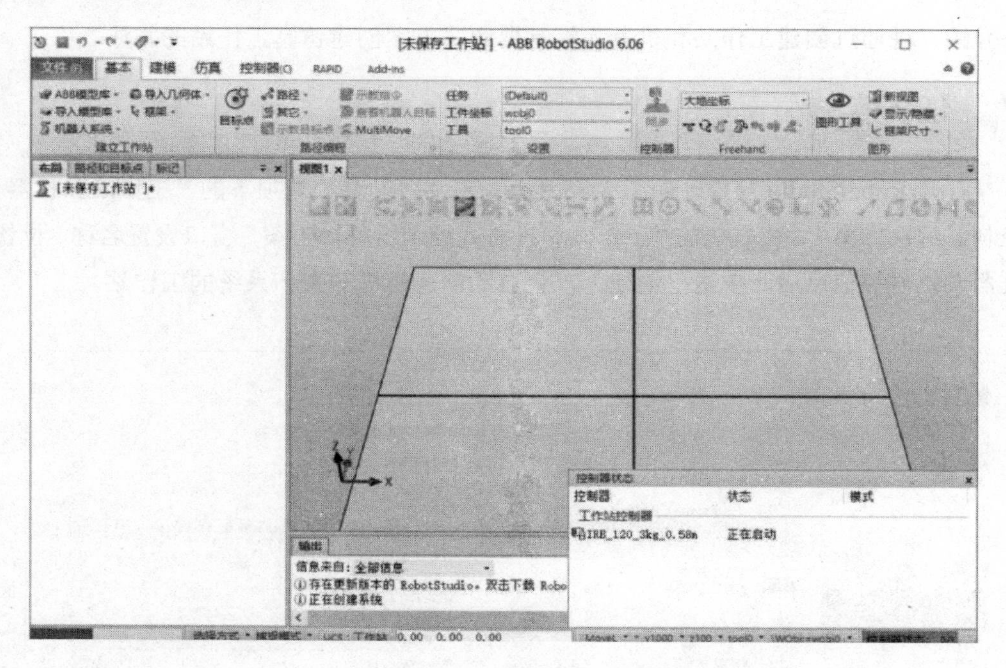

图 2-37　正在创建机器人工作站系统

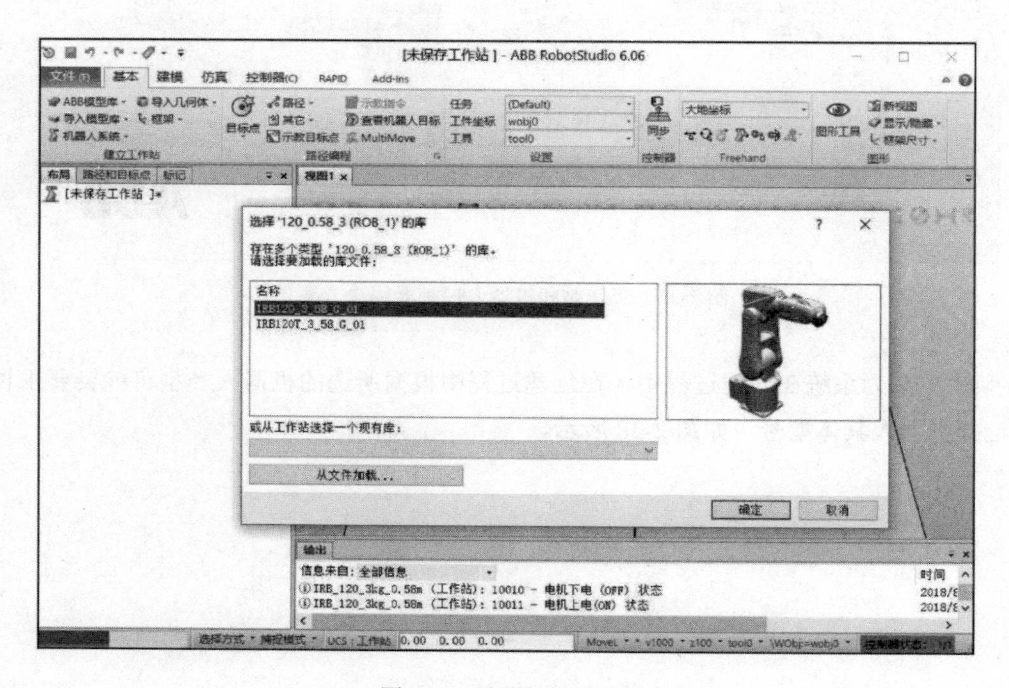

图 2-38　选择机器人型号

在图 2-38 中选择机器人“IRBI20_3_58_G_01”，单击“确定”，等待机器人和控制系统创建完成。创建完成后机器人及工作站系统同步完成，如图 2-39 所示。

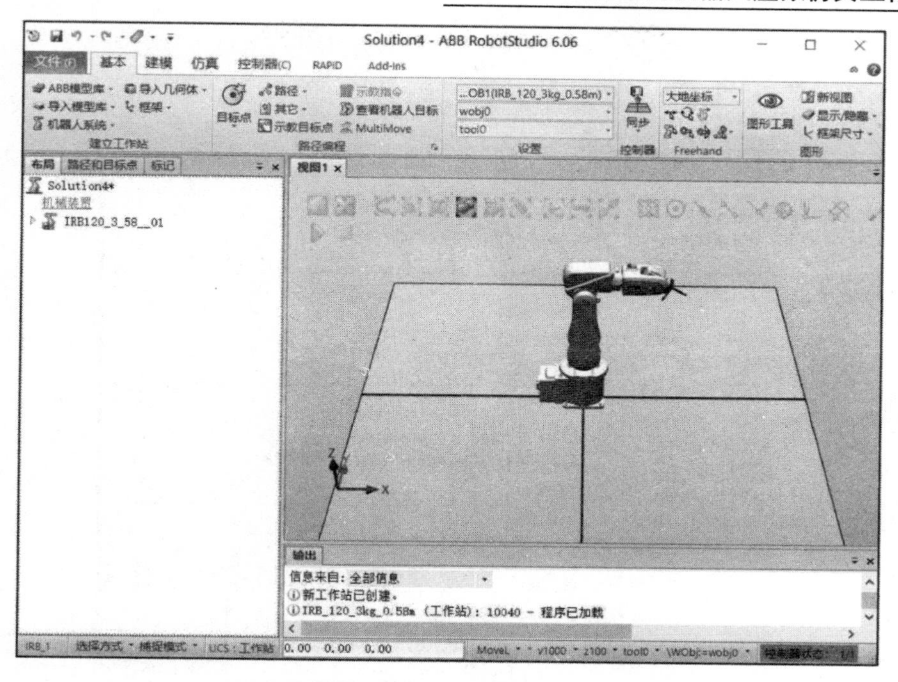

图 2-39　创建完成

系统创建完成后如果需要更改系统选项，可以单击控制器菜单下的“修改选项”，如图 2-40 所示。

图 2-40　控制器下的“修改选项”

或者在控制器窗口右击“控制器”，出现如图 2-41 所示界面。选中“修改选项”，即可以更改系统选项。

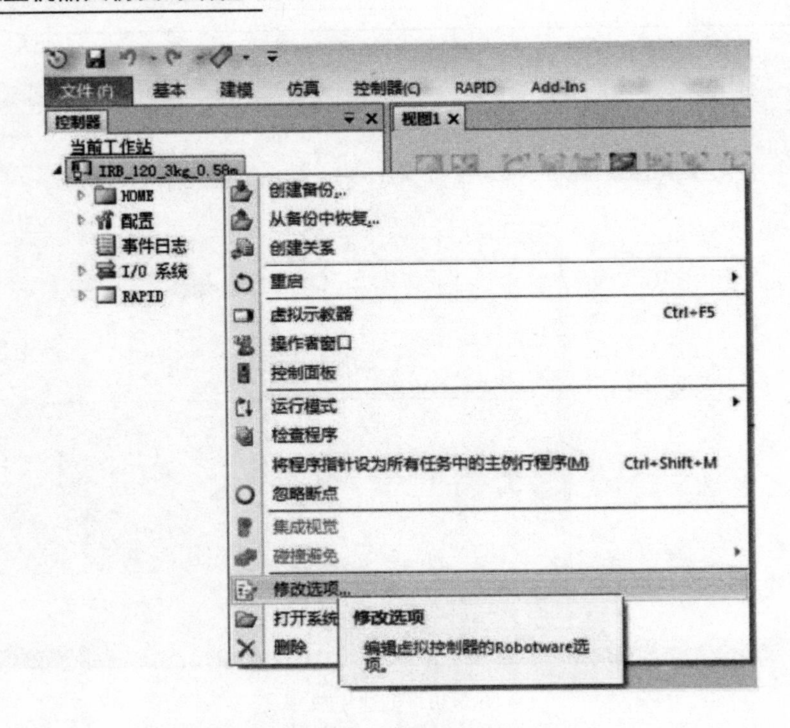

图 2-41　控制器菜单下修改选项

单击“修改选项”后出现如图 2-42 所示界面。和前面的方法相同，修改语言和工业网络后，单击“确定”按钮。

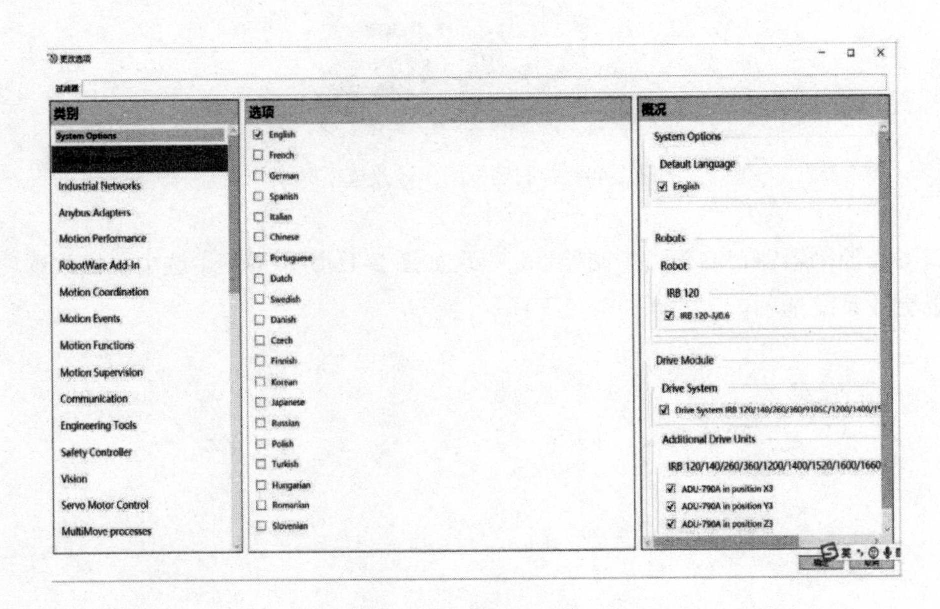

图 2-42　更改选项

出现如图 2-43 所示界面，单击“是”，系统重置后生效。

图 2-43　重置系统

然后在此基础上完成工作站的布局。

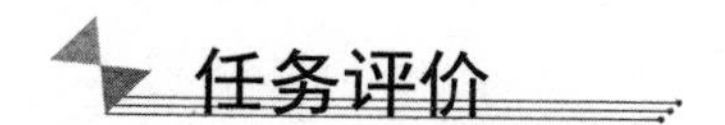

表 2-3　任务评价表

评价方面	具体内容	自评	互评	师评
基本素养（30 分）	无迟到、早退、旷课现象（10 分）			
	操作安全规范（10 分）			
	具有较高的参与度和良好的团队协作能力、沟通交流能力（10 分）			
理论知识（20 分）	掌握通过创建工作站和机器人控制器解决方案创建仿真工作站的方法（20 分）			
技能操作（50 分）	能够通过创建工作站和机器人控制器解决方案创建仿真工作站（50 分）			
综合评价				

思考与练习

一、填空题

1．在 RobotStudio 6.0x 中选择物体的方式主要有________、________、________、选择部件、选择组、选择机械装置 6 种。

2．在 RobotStudio 6.0x 中捕捉方式主要有________、________、________、捕捉末端、捕捉边缘、捕捉重心、捕捉本地原点和捕捉网格 8 种。

3. 建立机器人系统之后，“基本”菜单中 Freehand 下的移动、旋转、拖动、________、________、________和多个机器人手动操作都可以选择和使用。

4．在左侧“布局”栏中选中机器人模型，单击鼠标选择________可以查看机器人的工作区城，以方便建设工作站。

5． 在 RobotStudio 6.0x 中还提供了测量功能，主要有以下几种方式________、________、________、________。

二、判断题

1．在实际中，要根据项目的要求选定具体的机器人型号、承重能力及到达距离。

2．在 Robotstudio 6.0x 中安装机器人用的工具，可以在左侧“布局”栏中选中所要安装的工具并按住鼠标右键，将其拖到机器人上后松开就可以完成安装。

3．在 RobotStudio 6.0x 中拆除工业机器人的工具可以使用右键菜单法：在左侧“布局”窗口中选中所要拆除的工具并右击，选择“拆除”即可。

4．在 RobotStudio 6.0x 中，机器人模型可以安装模型库中的工具，也可以安装用户自定义的工具。

5．若要隐藏机器人工作区域，在左侧“布局”栏中选中机器人模型，右击，再次单击“查看机器人的工作区城”，就可以关闭机器人的工作区域。

6．在 RobotStudio 6.0x 中，创建机器人系统有三种方法，分别是从布局、新建系统、已有系统。

7．在 RobotStudio 6.0x 中，Freehand 可以实现三维模型的平移、转动、关节等三种形式的运动。

学习总结

项目学习了创建工业机器人虚拟仿真工作站的相关知识。

建议学习总结应包含以下主要因素：

1．你在本项目中学到什么？

2．你在团队共同学习的过程中，曾扮演过什么角色，对组长分配的任务你完成得怎么样？

3．你对自己的学习结果满意吗？如果不满意，你还需要从哪几个方面努力？对接下来的学习有何打算？

4．学习过程中经验的记录与交流（组内）。

5．你觉得这个课程哪里最有趣？哪里最无聊？

项目三　离线示教编程与程序修正

任务一　创建离线示教仿真工作站

任务描述

在 ROBOGUIDE 中搭建仿真工作站的过程其实就是模型布局和设置的过程。项目二中采用绘制简单几何体模型和添加软件自带模型的方法来创建仿真工作站，是一种快速构建工作站的方式。但是同时也产生了较大的局限性，软件本身较弱的建模能力导致仿真工作站很难做到与真实的现场统一。如果要进行机器人工作站的离线编程和仿真，应该尽量使软件中的虚拟环境和真实现场保持高度一致，离线程序与仿真的结果才能更加贴近实际。此时，ROBOGUIDE 的建模能力远远不能满足实际的需求，外部模型的导入就成为解决这一问题的有效手段。即首先通过工作站的工程图纸或者现场测量获得数据，在专业三维绘图软件中制作与实物相似度极高的模型，然后转换成 ROBOGUIDE 能识别的格式（常用 IGS 图形格式）导入工程文件中进行真实现场的虚拟再现。

图 3-1 所示为一个简易的仿真工作站，由 FANUC LR Mate 200*i*D/4S 迷你型搬运机器人、笔形工具、轨迹画布和工作站基座组成。其中，工作站基座和末端执行工具采用专业绘图软件制作的 IGS 格式图形，轨迹画布则是由简单的立方体模型进行贴图制作。

工业机器人的组成

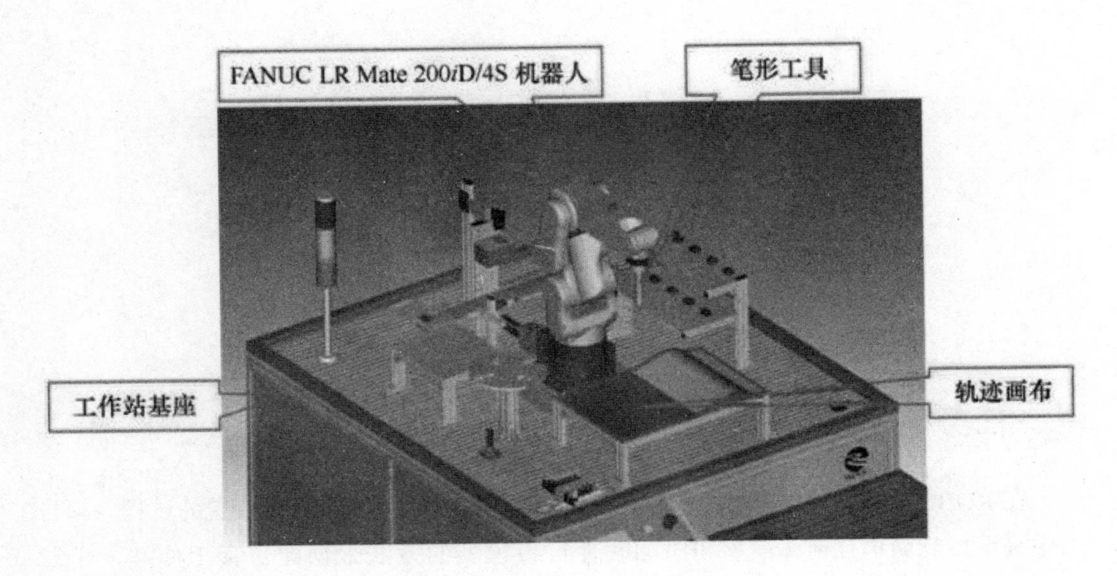

图 3-1 离线示教仿真工作站

首先，需要在此仿真工作站上，利用虚拟示教的方法编写画布中矩形的轨迹程序，然后进行试运行，确认无误后将程序导出并上传到真实的机器人中。由于仿真工作站与真实工作站存在着不可避免的偏差，即机器人与各部分的相对位置在仿真工作站和真实工作站中是不同的，在程序导出之前需要对程序进行修正。

工业机器人示教编程的基本步骤

任务实施

一、导入工作站基座

（1）首先打开“Cell Browser”窗口，从 Fixtures 导入一个工作台。然后右击“Fixtures”，执行菜单命令“Add Fixture”→“Single CAD File”，导入外部模型，如图 3-2 所示。

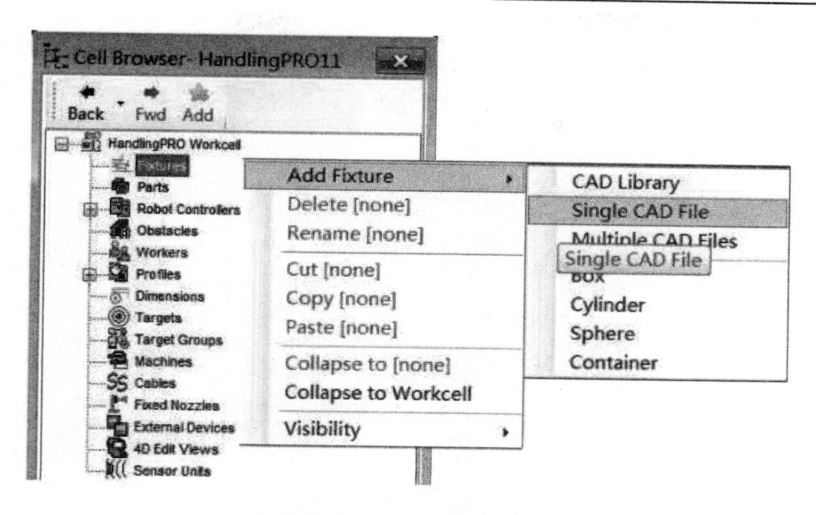

图 3-2　导入 Fixture 模型的命令

（2）从计算机的存储目录中找到相应的文件（文件格式为 IGS），选择“HZ-II-F01-00 工作站主体.IGS”文件，单击“打开”按钮，如图 3-3 所示。

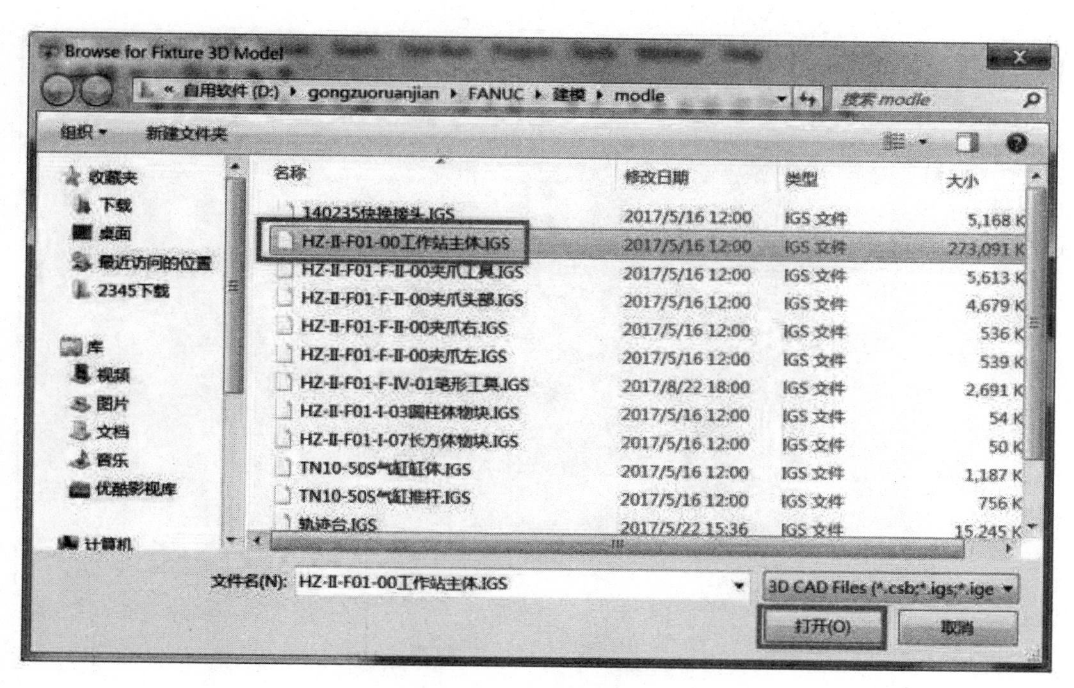

图 3-3　外部模型存放目录

（3）输入“Location”的六个数据值，移动工作台主体至合适的位置并旋转至正确的方向，勾选“Lock All Location Values”选项锁定位置，如图 3-4 所示。

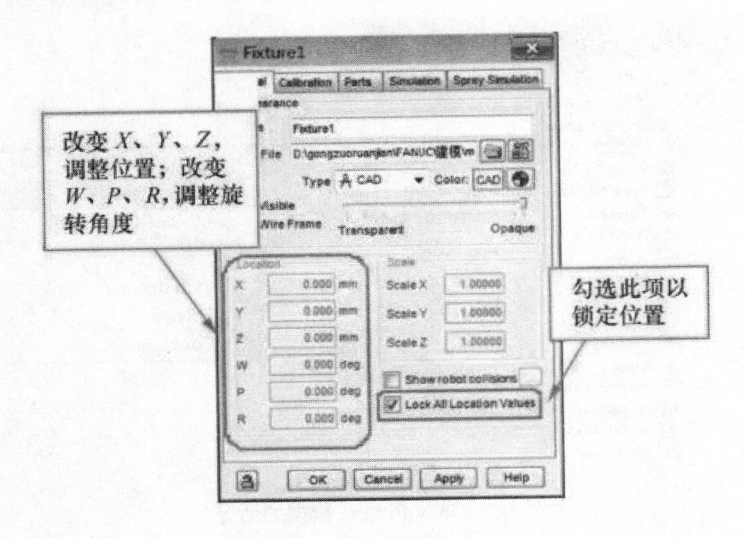

图 3-4　确定模型位置

（4）用鼠标左键按住机器人模型上的坐标系，拖动机器人到工作台上的合适位置，勾选“Lock All Location Values”选项锁定位置，如图 3-5 所示。

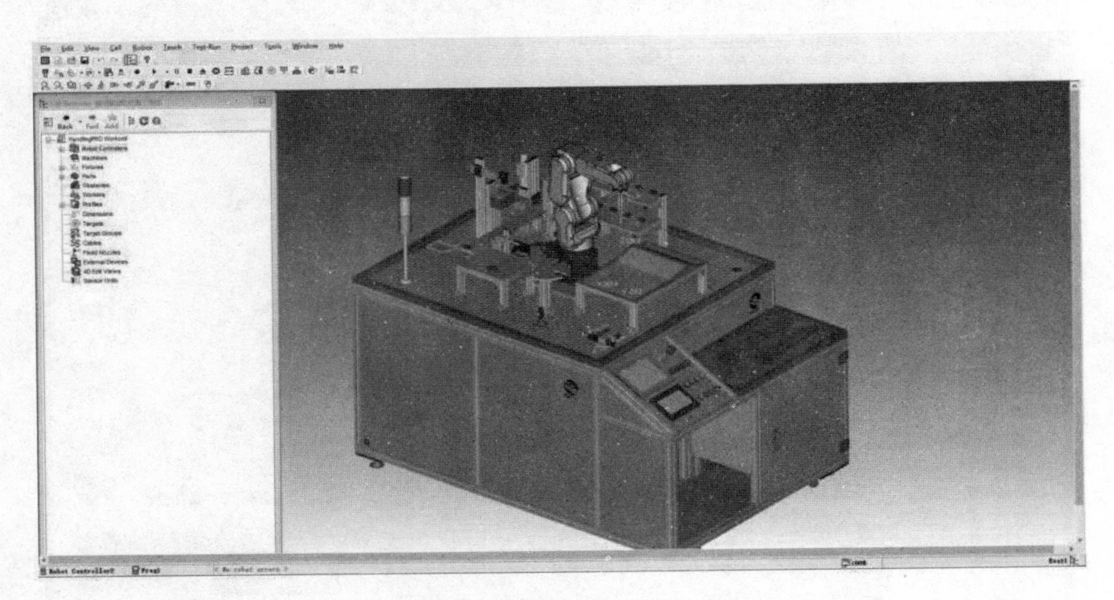

图 3-5　机器人与工作台的位置状态

二、导入笔形工具

（1）打开“Cell Browser”窗口，双击“Tooling”中的“UT:1”，打开工具的属性设置窗口，如图 3-6 所示。

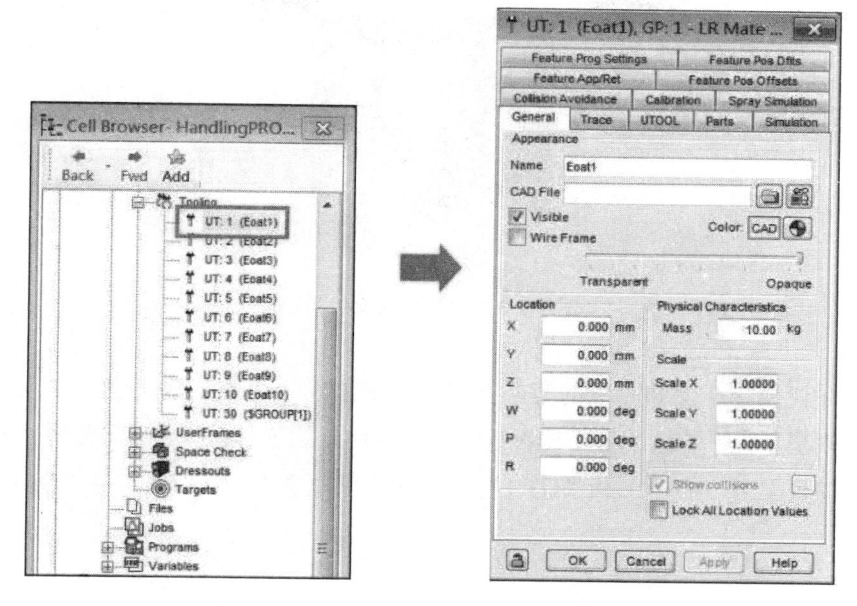

图 3-6 工具属性窗口的打开操作

（2）在安装笔形工具之前需要安装一个快换接头，单击图标打开模型存放的目录，选择“140235 快换接头.IGS”文件，单击“打开”按钮，如图 3-7 所示。

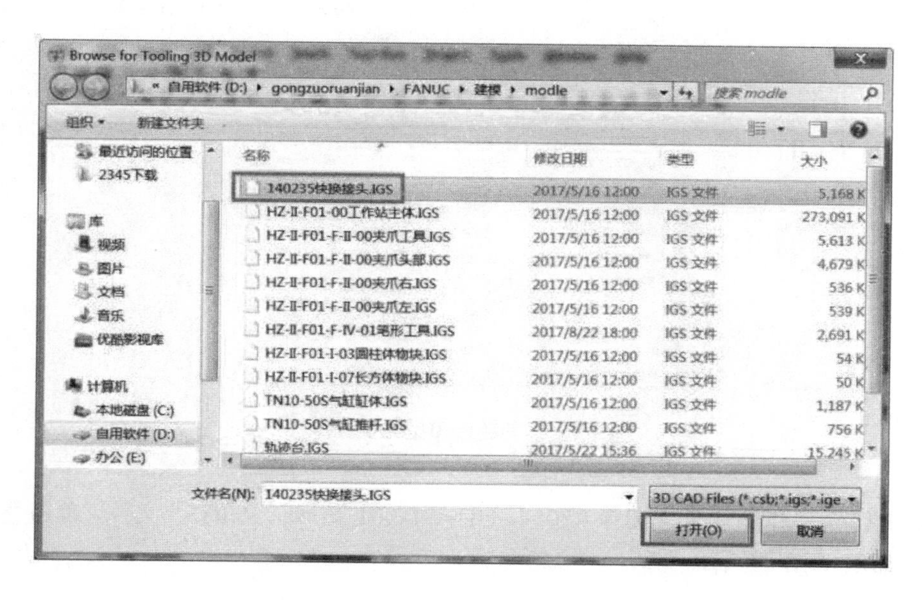

图 3-7 外部模型存放目录

（3）模型加载后，调整至适当的位置，使其正确地安装在机器人第 6 轴的法兰盘上，如图 3-8 所示。勾选属性设置窗口中的“Lock All Location Values”选项，锁定位置。

图 3-8　快换接头的安装状态

（4）在快换接头安装完成的基础上安装笔形工具。由于工具“UT:1”上已经存在一个工具模型了，如果想在此工具的基础上再增加新的工具模型，则需要将新的模型链接到原有的模型上。右击工具“UT:1”，执行菜单命令“Add Link”→“CAD File”，如图 3-9 所示。

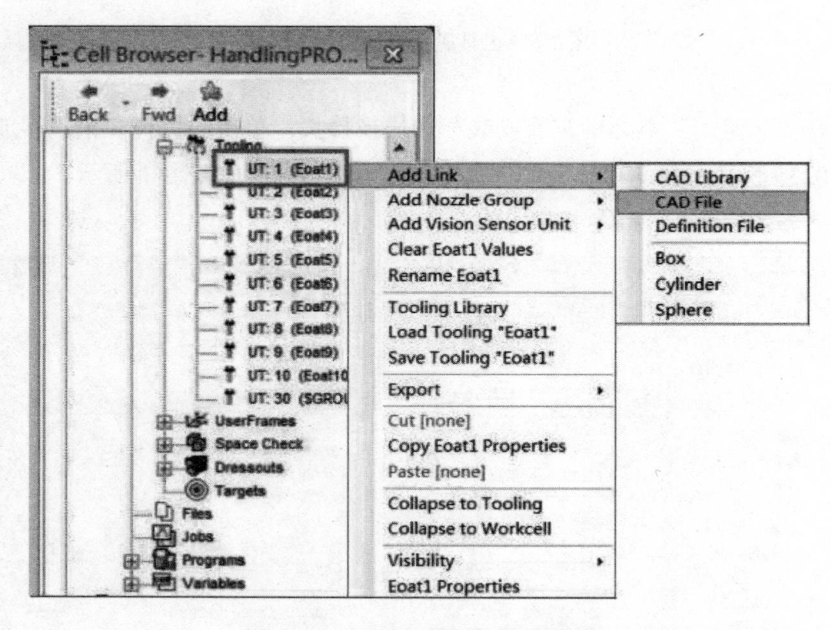

图 3-9　工具链接模型的操作步骤

（5）在模型存储目录中选择“HZ-II-F01-F-IV-01 笔形工具.IGS”文件，单击“打开”按钮，如图 3-10 所示。

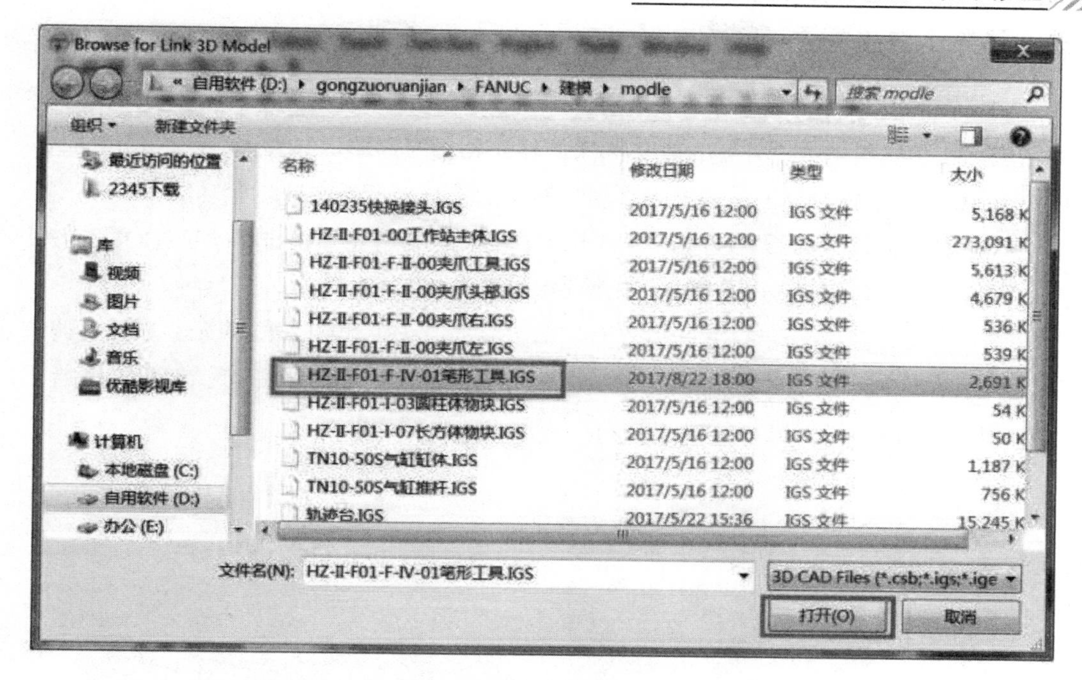

图 3-10 外部模型存放目录

（6）由于三维绘图软件坐标系的设置问题会使模型导入 ROBOGUIDE 中时出现图 3-11 所示的错位情况，此时应通过调节模型 *X*、*Y*、*Z* 偏移量和轴的旋转角度，使笔形工具正确安装在快换接头上。调整完毕后勾选“Lock Axis Location”选项，锁定其位置数据。

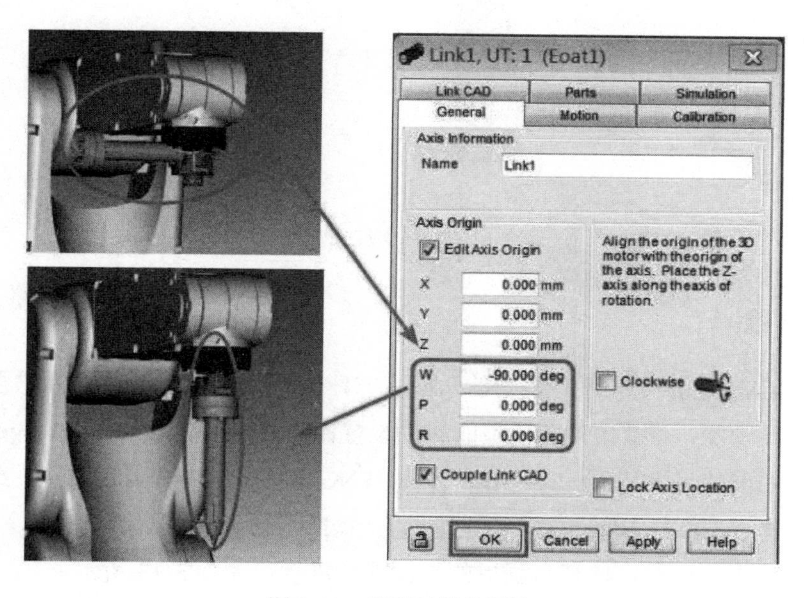

图 3-11 笔形工具的调整

三、设置工具坐标系

在真实的机器人上设置工具坐标系时，常用的方法是三点法和六点法。如果将上述方法应用在仿真机器人上，那么操作起来同样是相当烦琐的，并且也会产生精度误差，所以 ROBOGUIDE 提供了一种更为直观与简易的工具坐标系快速设置功能。

（1）双击工具坐标系“UT:1”，打开工具的属性设置窗口，选择“UTOOL”工具坐标系选项卡，勾选“Edit UTOOL”选项编辑工具坐标系。

（2）用鼠标直接拖动 TCP 的位置至笔形工具的笔尖，如图 3-12 所示。如果要调整工具坐标系方向，在“W”“P”“R”中输入具体的旋转角度值即可。调整完毕后，单击“Use Current Triad Location”按钮，应用当前坐标系。

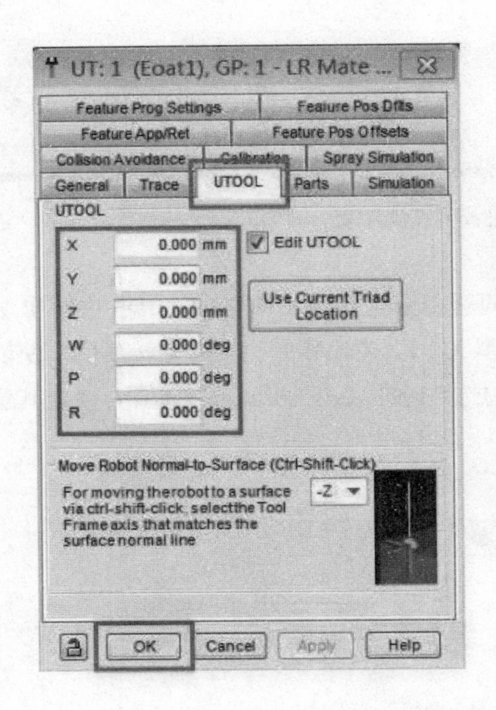

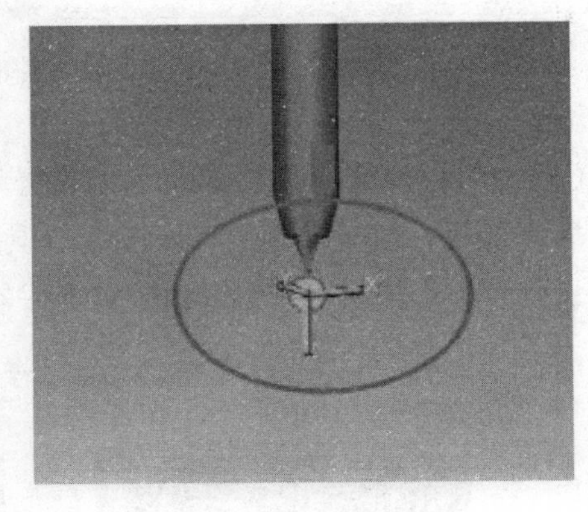

图 3-12　工具坐标系的编辑

四、模型贴图

在 ROBOGUIDE 中，只有规则的六面立方体模型支持贴图功能。要想查看某一模型是否支持此功能，可双击打开模型的属性设置窗口，查看是否存在“Image”选项卡。贴图源文件的图片可支持 BMP、GIF、JPG、PNG 和 TF 文件格式。

（1）打开“Cell Browser”窗口，再创建一个 Fixture 模型，默认名称为“Fixture2”。调整模型的大小与位置，使其与画板的平面部分重合，如图 3-13 所示。

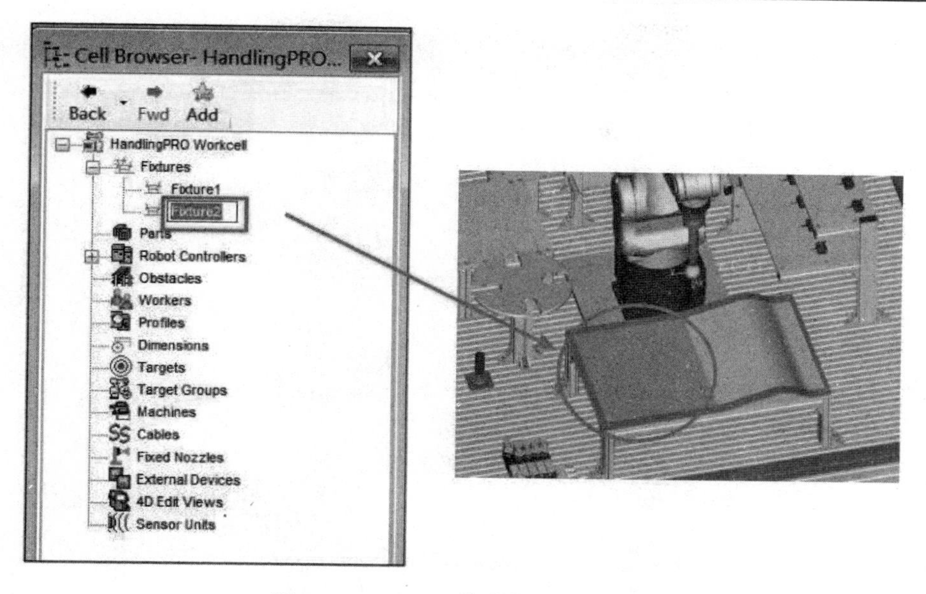

图 3-13　Fxiture2 模型的大小和位置

（2）选择要添加贴图的 Fixture2 模型，如图 3-13 所示，双击“Fixture2”打开属性设置窗口。选择“ mage”选项卡，如图 3-14 所示，单击图标打开图片存放的目录。

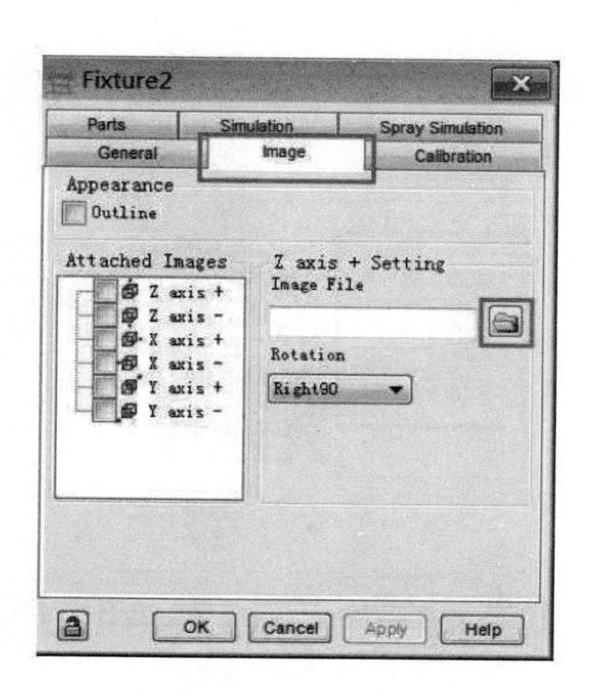

图 3-14　贴图设置界面

（3）选择“画布”文件，单击“打开”按钮，如图 3-15 所示。

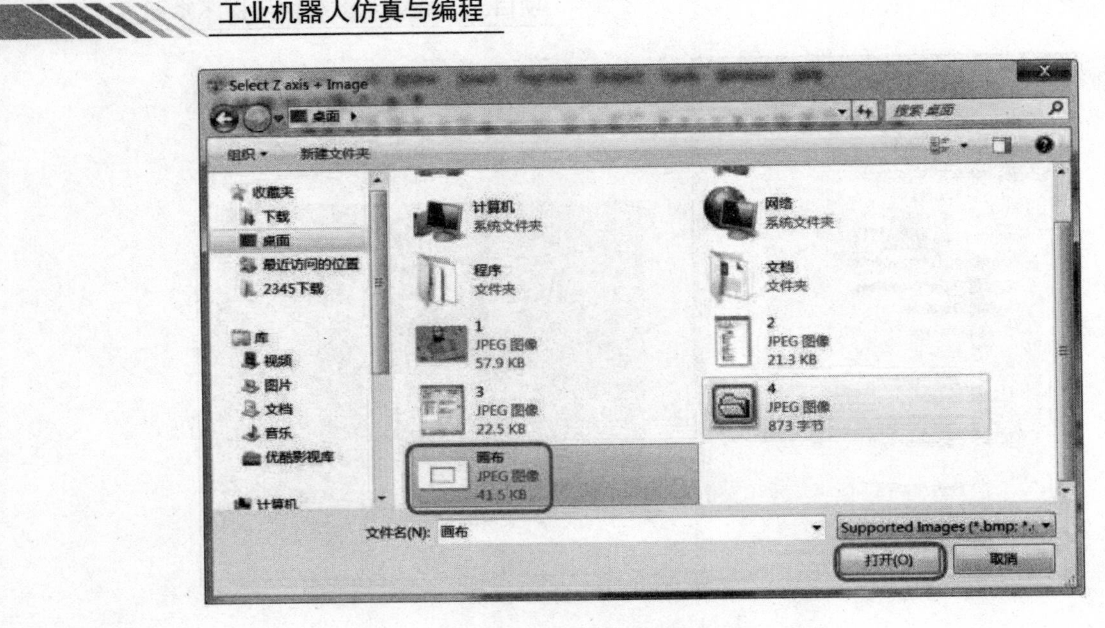

图 3-15　图片存放目录

（4）在“Attached Images”中选择贴图要覆盖的模型表面，在“Rotation”中可选择图片的旋转方向，单击“OK”按钮，如图 3-16 所示。

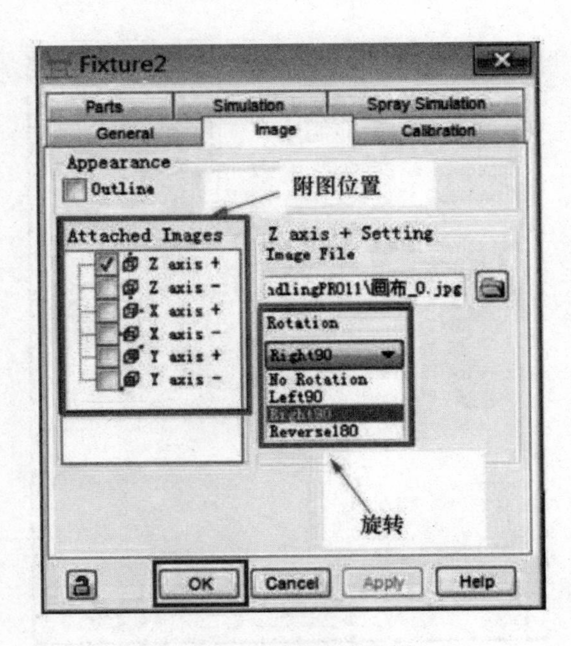

图 3-16　贴图位置设置

（5）贴图导入和设置成功，矩形框为贴图中所画的内容，如图 3-17 所示。

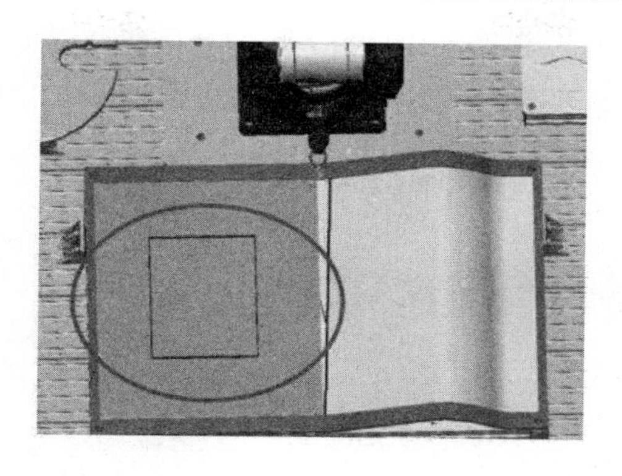

图 3-17　导入的贴图显示打开

五、设置用户坐标系

在真实的机器人工作站中设置用户坐标系时，常用的方法是三点法和四点法，现实中的设置方法同样适用于仿真机器人工作站。ROBOGUIDE 同样也支持用户坐标系的快速设置功能，其设置方式更直观、快速。

（1）打开“Cell Browser”浏览窗口，如图 3-18 所示，依次点开工程文件结构树，找到“UserFrames”用户坐标系。双击“UF:1”（UF:0 与世界坐标系重合，不可编辑），弹出用户坐标系设置界面。

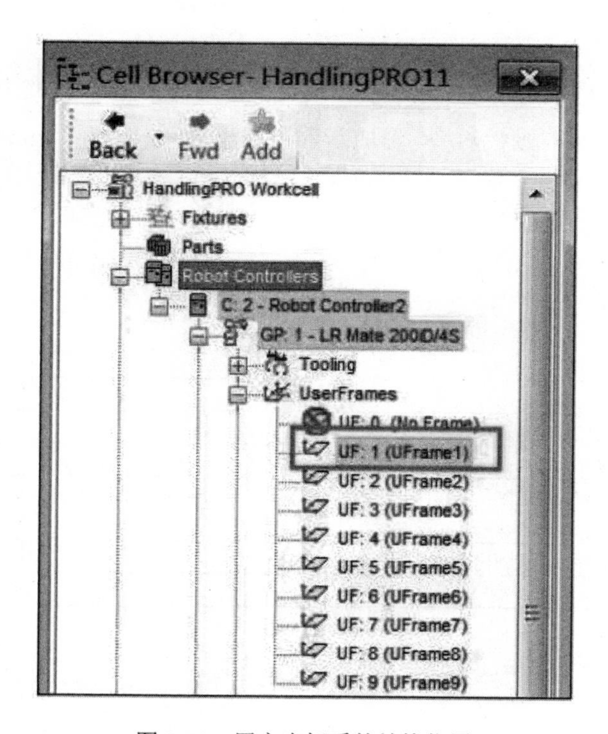

图 3-18　用户坐标系的结构位置

（2）勾选“Edit UFrame”选项，机器人周围会出现相应颜色的平面模型。平面模型的一个角点将带有坐标系标志，如图 3-19 所示。ROBOGUIDE 将用户坐标系以模型的形式直观地展现在空间区域内，可以清楚地表达坐标系的原点位置和轴向。

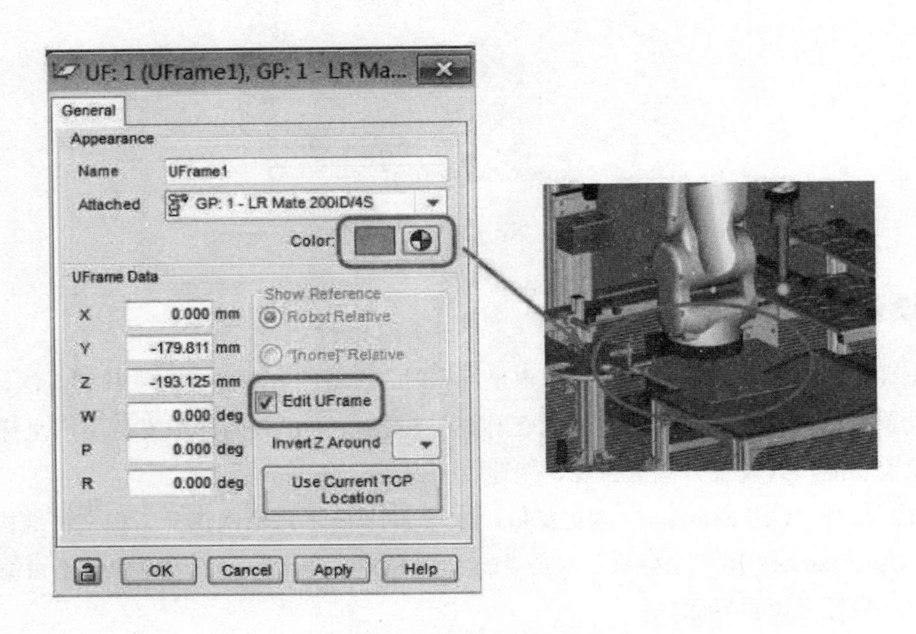

图 3-19　用户坐标系的编辑

（3）用鼠标直接拖动用户坐标系模型的位置或者设置 *X*、*Y*、*Z* 偏移数据和 *W*、*P*、*R* 旋转角度，将坐标系与画板对齐，形成新的用户坐标系，如图 3-19 所示，单击“Apply”按钮完成设置。

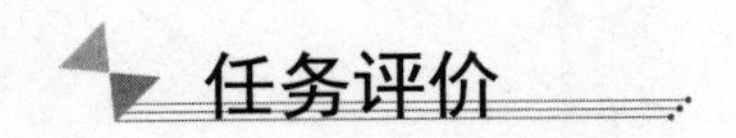

任务评价

表 3-1　任务评价表

评价方面	具体内容	自评	互评	师评
基本素养（30 分）	无迟到、早退、旷课现象（10 分）			
	操作安全规范（10 分）			
	具有较高的参与度和良好的团队协作能力、沟通交流能力（10 分）			
理论知识（20 分）	掌握创建离线示教仿真工作站的方法（20 分）			
技能操作（50 分）	能够按步骤创建离线示教仿真工作站（50 分）			
综合评价				

任务二　虚拟 TP 的示教编程

任务描述

ROBOGUIDE 生成离线程序的方式不止一种，其中最简单、最直观的莫过于虚拟 TP 示教法，即采用虚拟 TP 进行示教编程，其操作方法与真实的示教编程几乎相同。虚拟 TP 示教编程是离线示教编程的一种，也是最容易上手的一种编程方法。在虚拟 TP 中创建的程序称为 TP 程序，是不需要转化就可以直接上传到机器人中运行的程序。

任务实施

（1）单击工具栏上的■图标，打开虚拟 TP。打开 TP 的有效开关■，单击“Select”键创建一个程序，如图 3-20 所示。

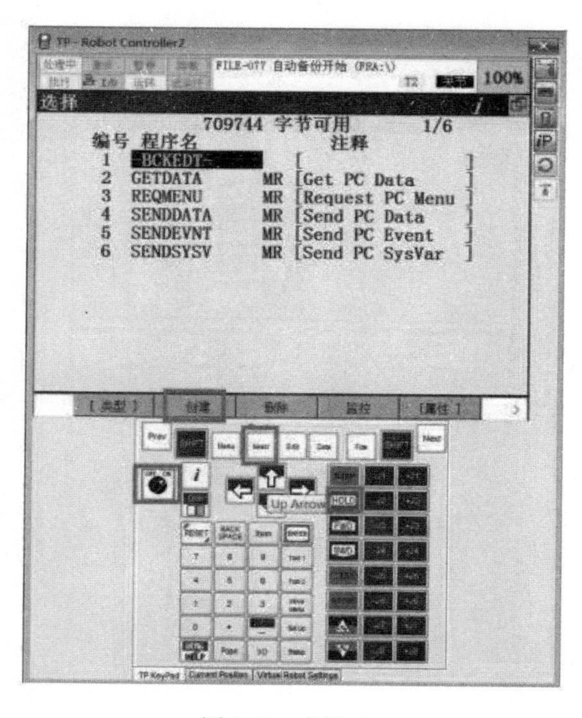

图 3-20　虚拟 TP

（2）选择大写字符，输入程序名，单击 TP 上的键，如图 3-21 所示。

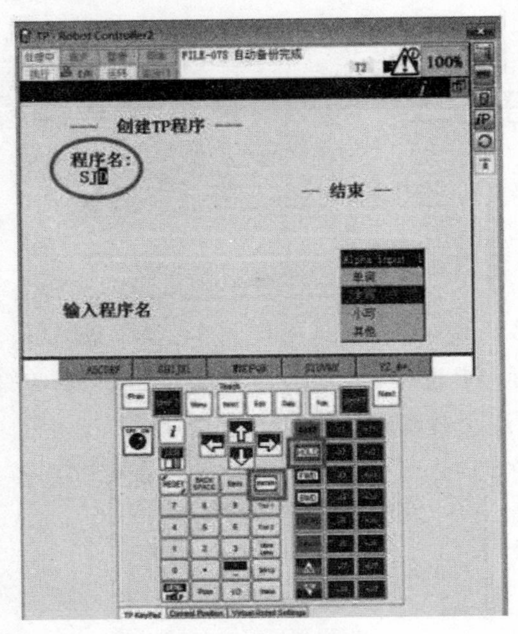

图 3-21　程序创建

（3）执行菜单命令“编辑”→“插入”插入空行，输入要插入的行数，单击键确定，如图 3-22 所示。

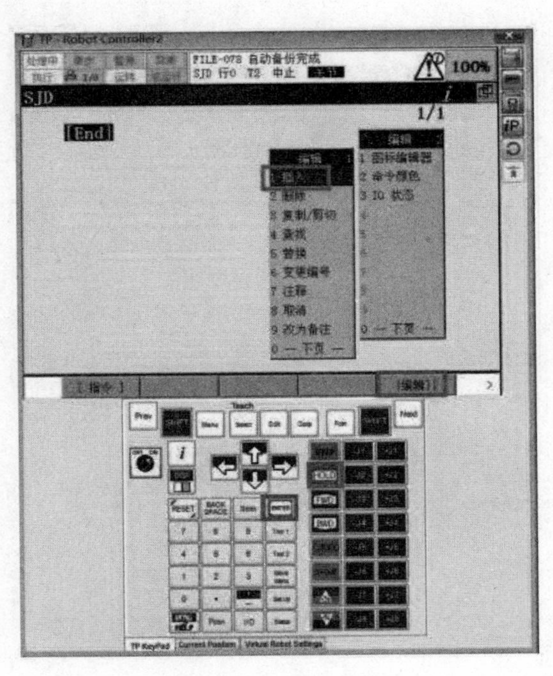

图 3-22　程序编辑

（4）单击“点”按钮，添加动作指令，如图 3-23 所示。

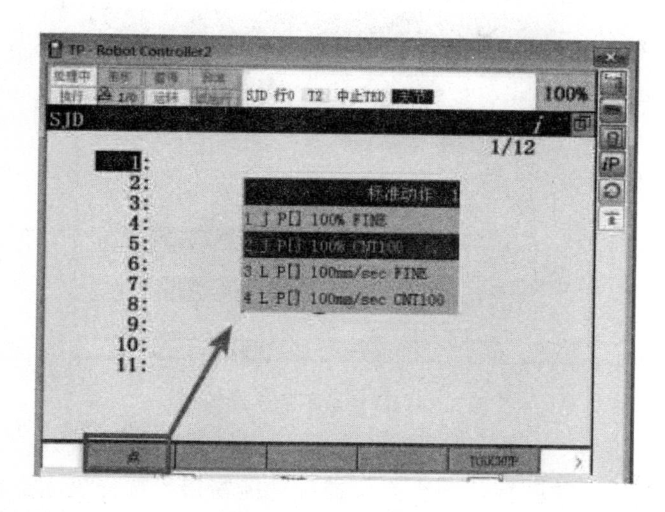

图 3-23　动作指令

（5）创建一个“HOME”点，把光标移至图 3-24 所示位置，单击“位置”按钮调出点的位置信息。

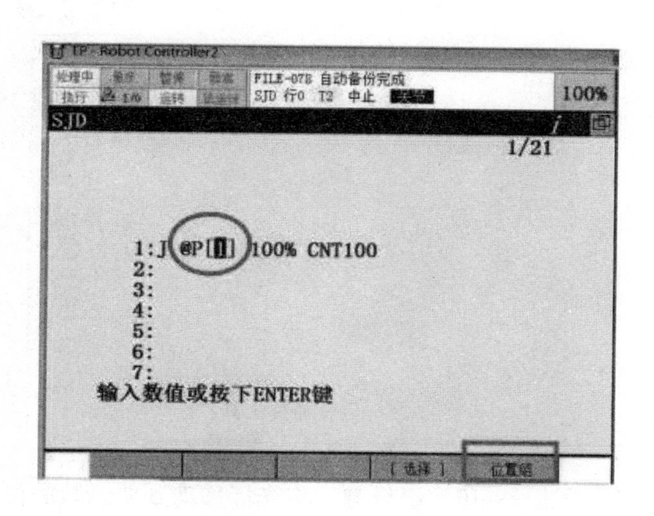

图 3-24　动作指令的修改

（6）执行菜单命令“形式”→“关节”，把 J5 轴设置为−90，其他轴均为 0，如图 3-25 所示。

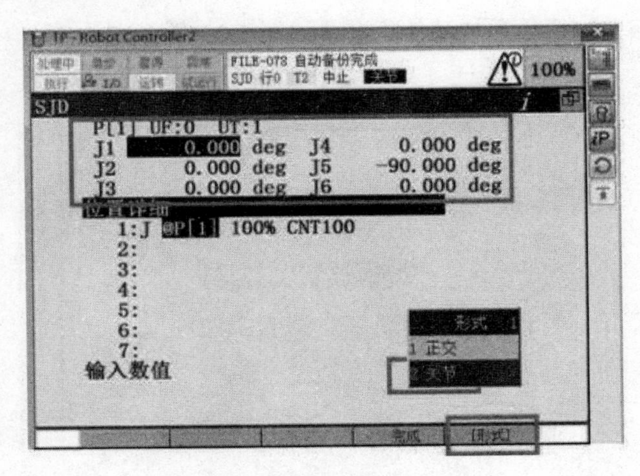

图 3-25　位置数据的手动输入

（7）单击工具栏上的图标，弹出点位捕捉功能窗口，选择表面点捕捉，如图 3-26 所示。

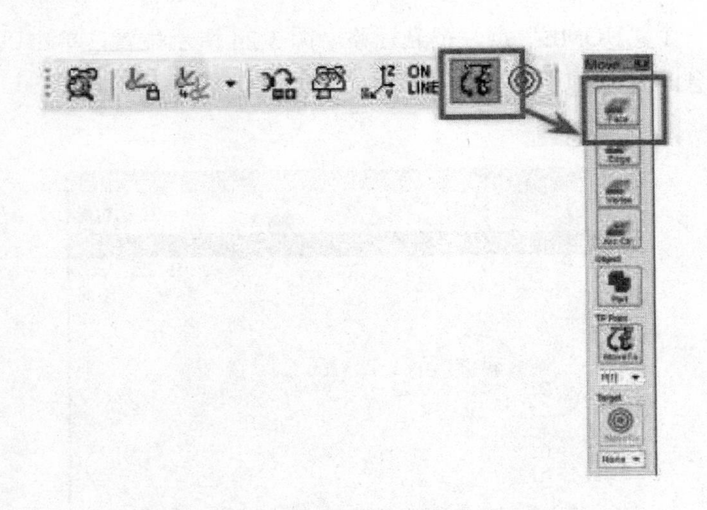

图 3-26　点位捕捉工具栏

（8）或者直接按“Ctrl+Shift”组合键，将光标移动到要示教的位置上并单击，机器人的 TCP 将自动移至此点，如图 3-27 所示。

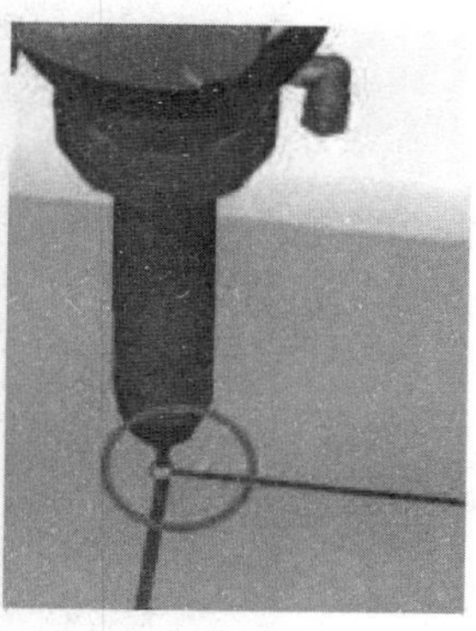

图 3-27　第一个点位置捕捉

（9）添加合适的动作指令（线性运动）记录矩形的第一个点，然后其他各点依次执行此操作并全部记录，如图 3-28 所示。

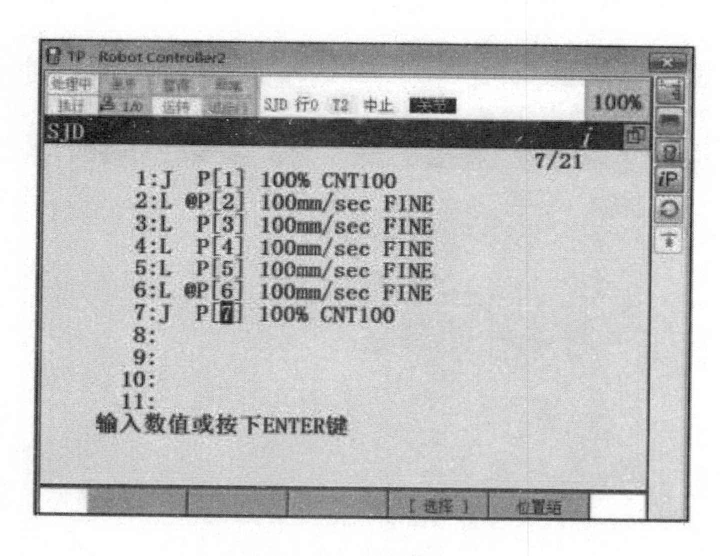

图 3-28　轨迹程序

图 3-29 所示为从“HOME”点开始并走完矩形的完整轨迹。其中，P[1]和 P[7]是机器人的“HOME”点，P[2]到 P[6]点是记录矩形轨迹的点。

图 3-29　程序轨迹

（10）将虚拟 TP 界面的光标放在程序的第一行，先单击“SHIFT”键，然后单击“FWD”键执行程序，如图 3-30 所示。

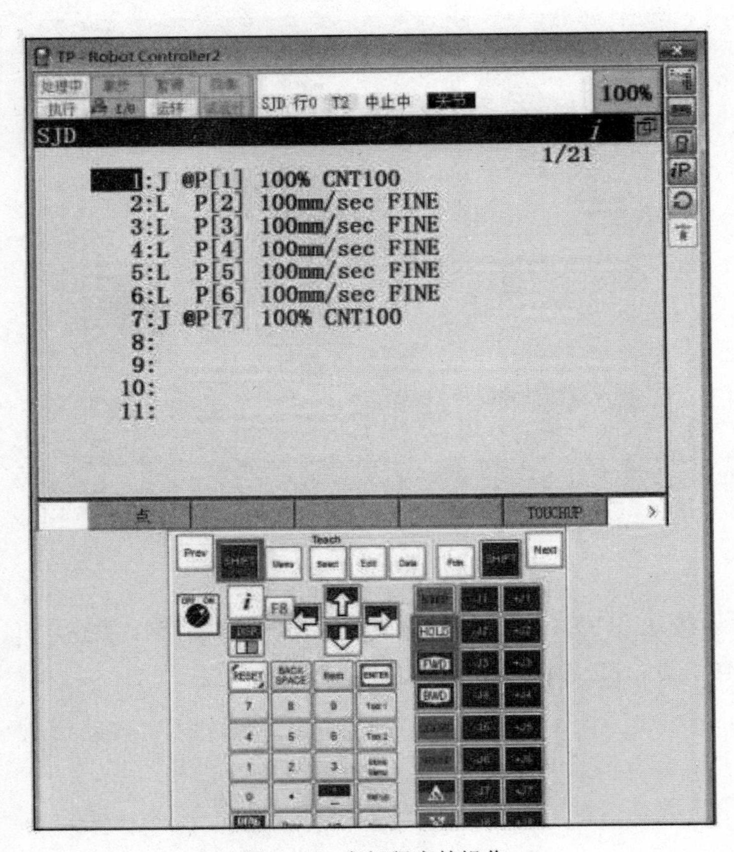

图 3-30　直行程序的操作

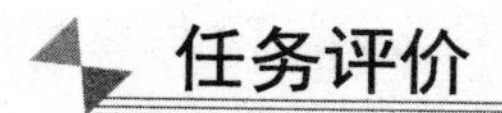

任务评价

表 3-2　任务评价表

评价方面	具体内容	自评	互评	师评
基本素养（30 分）	无迟到、早退、旷课现象（10 分）			
	操作安全规范（10 分）			
	具有较高的参与度和良好的团队协作能力、沟通交流能力（10 分）			
理论知识（20 分）	掌握采用虚拟 TP 进行示教编程的方法（20 分）			
技能操作（50 分）	能够采用虚拟 TP 进行示教编程（50 分）			
综合评价				

任务三　仿真程序编辑器的示教编程

任务描述

离线示教编程的第二种方法就是采用创建仿真程序的方式进行示教编程。仿真程序编辑器是 ROBOGUIDE 将 TP 的程序编辑功能简化后的产物，它提供示教点动作指令添加、位置更新、常用控制指令添加等几个主要功能，如图 3-31 所示。

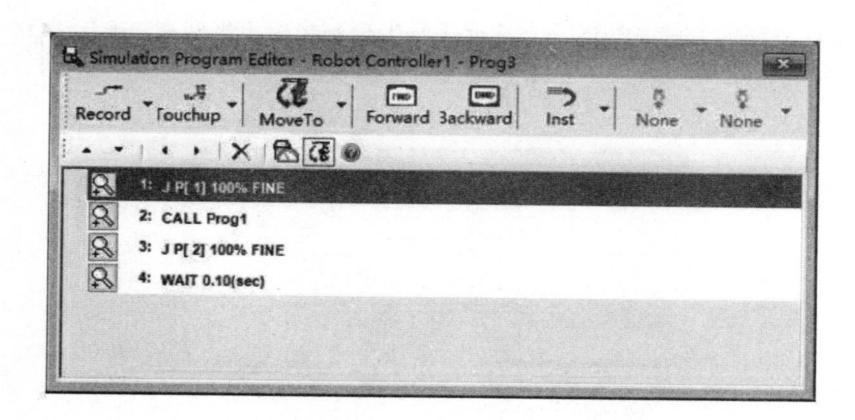

图 3-31　仿真程序编辑器

仿真程序编辑器将 TP 上的功能组合键进行压缩，如“Touchup”命令相当于 TP 上的“Shift+FS”组合键。仿真程序编辑器的应用使示教编程的操作更加简便，记录点的速度更快，编程的周期极大地缩短。

仿真程序编辑器创建的仿真程序与虚拟 TP 创建的程序有所不同，虚拟 TP 创建的程序与真实的 TP 创建的程序完全一致，而仿真程序中的某些特殊指令其实是仿真指令，并不存在于真实的机器人中，只是作用于软件中的动画效果。

如果需要将仿真程序上传到机器人中运行，就必须对程序中的仿真指令进行控制指令的转化和替换。

任务实施

（1）执行菜单命令“Teach”→“Add Simulation Program”，创建一个仿真程序，如图 3-32 所示。

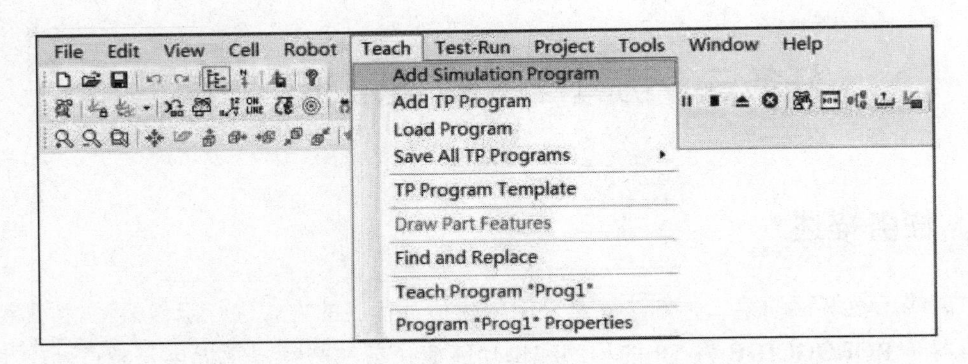

图 3-32　创建仿真程序

（2）输入程序的名称“Prog2”，选择工具坐标系和用户坐标系，单击“OK”按钮，如图 3-33 所示。

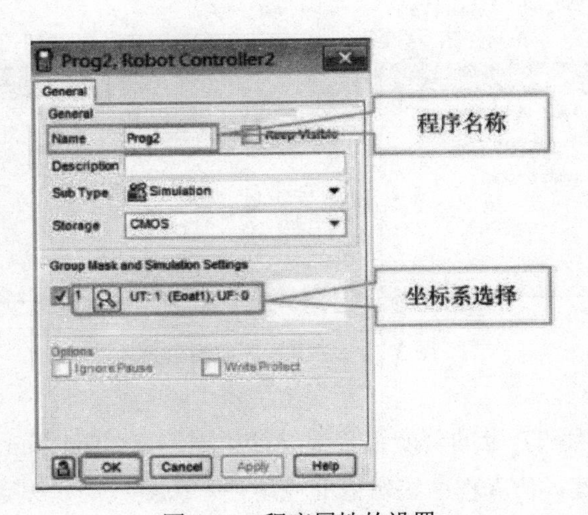

图 3-33　程序属性的设置

（3）进入编程界面，单击■的下拉按钮，在弹出的下拉选项中选择动作指令的类型，记录第一个点，如图 3-34 所示。

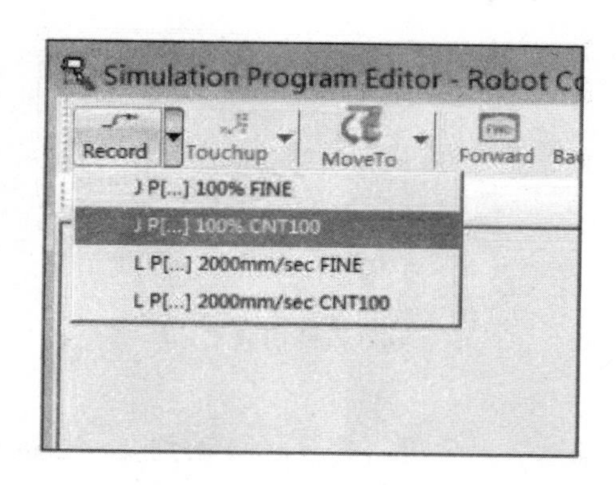

3-34　添加动作指令

（4）将第一个点设置为“HOME”点。选择关节坐标，将 5 轴设置成－90，其他轴均设置为 0，此时“HOME”点已被更新至 P[1]，如图 3-35 所示。

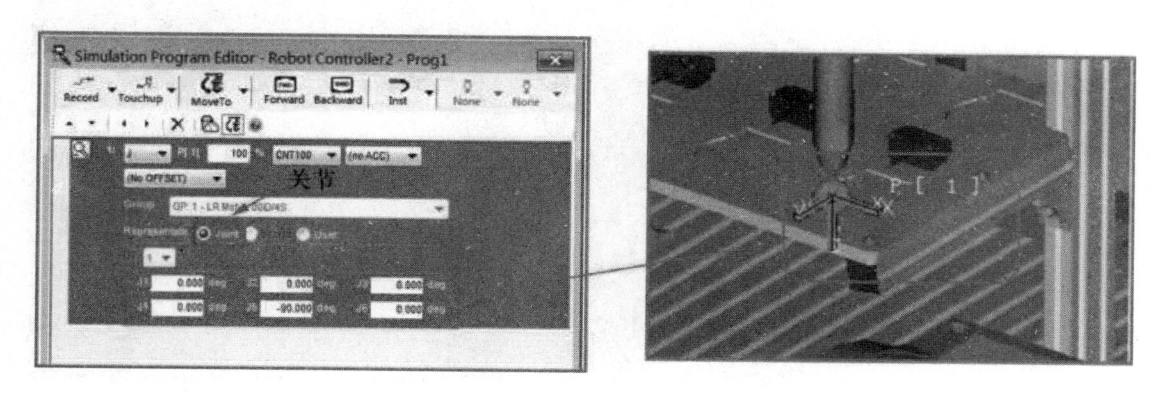

图 3-35　修改动作指令

（5）单击工具栏上的图标，弹出点位捕捉功能窗口，选择表面点捕捉，如图 3-36 所示。

图 3-36　点位捕捉工具栏

或者直接按“Ctrl+Shift”组合键，将光标移动到要示教的位置上并单击机器人的TCP将自动移至此点，如图 3-37 所示。

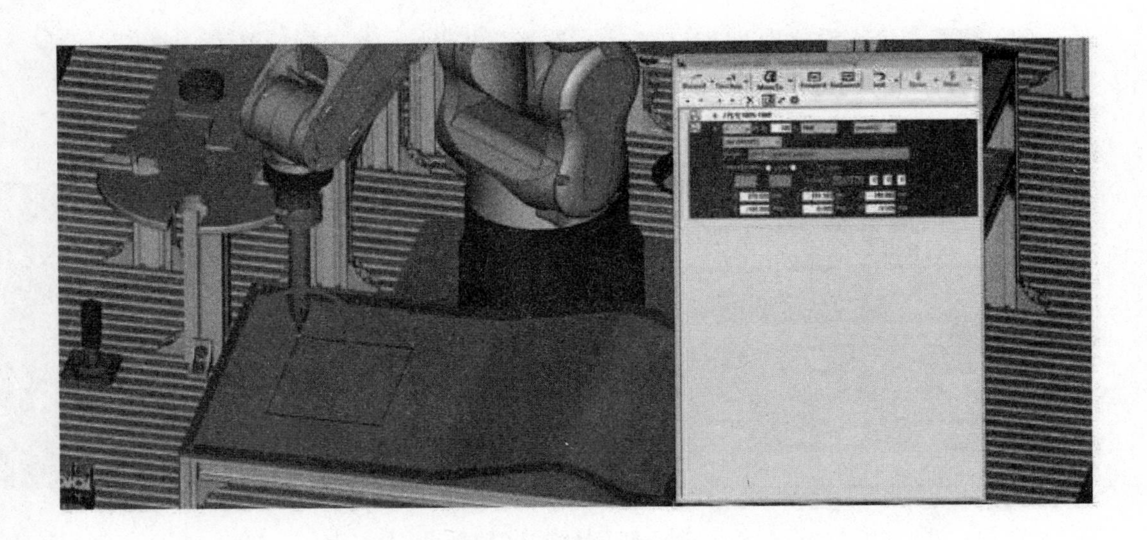

图 3-37　第一个点位置捕捉

（6）用此方式将所有的点全部记录下来，并修改运行速度和定位类型等，如图 3-38 所示。

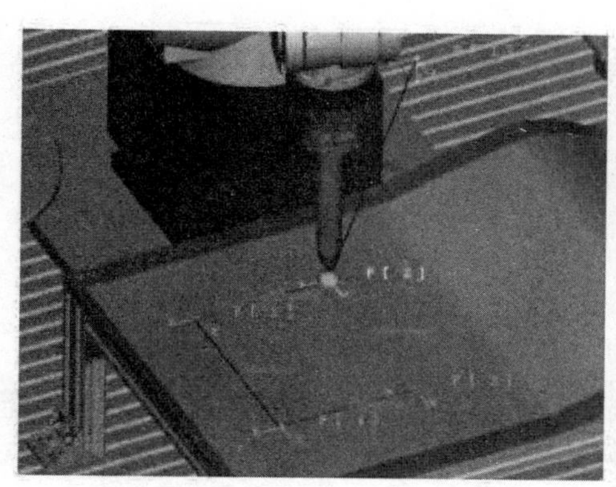

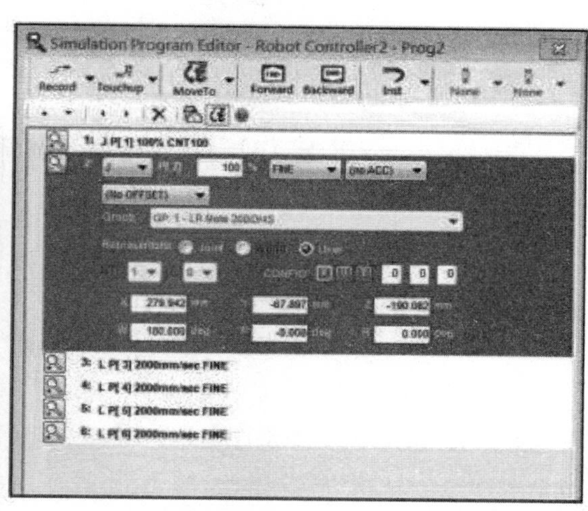

图 3-38　轨迹和程序

（7）单击工具栏中的启动按钮，运行程序并观察运行的结果是否符合预期。

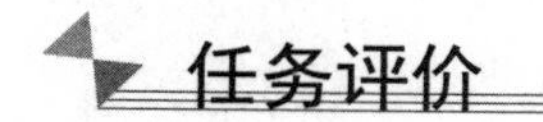

任务评价

表 3-3　任务评价表

评价方面	具体内容	自评	互评	师评
基本素养（30 分）	无迟到、早退、旷课现象（10 分）			
	操作安全规范（10 分）			
	具有较高的参与度和良好的团队协作能力、沟通交流能力（10 分）			
理论知识（20 分）	掌握采用创建仿真程序的方式进行示教编程的方法（20 分）			
技能操作（50 分）	能够采用创建仿真程序的方式进行示教编程（50 分）			
综合评价				

任务四　修正离线程序及导出运行

任务描述

在 ROBOGUIDE 的虚拟环境中，模型尺寸、位置等数值的控制是一种理想状态，这也是现实世界难以到达的境界。即使仿真工作站与真实工作站相似度再高，也无法避免由于现场安装精度等引起的误差。这就会导致机器人与其他各部分间的相对位置在仿真和真实情境下有所不同，也就造成了离线程序的轨迹在实际现场运行时会发生位置偏差。虽然重新标定真实机器人的用户坐标系可解决这一问题，但是会影响机器人本身其他程序的正常使用。

程序的校准修正是 ROBOGUIDE 解决这种问题的有效手段，它的作用机理是在不改变坐标系的情况下，直接计算出虚拟模型与真实物体的偏移量（以机器人世界坐标系为基准），将离线程序每个记录点的位置进行自动偏移以适应真实的现场。在对程序进行偏移的同时，相对应的模型也会跟随程序一同偏移，此时真实环境与仿真环境中机器人与目标物体的相对位置是一致的。

使用示教器查看系统信息并进行数据校准

CALIBRATION 校准功能是通过在仿真软件中示教三个点（不在同一直线上），在实际环境里示教同样位置的三个点，生成偏移数据。ROBOGUIDE 通过计算实际与仿真的偏移量，进而可以自动对程序和目标模型进行位置修改。

总体流程如下：①Teach in 3D World（在三维软件中示教程序）；②Copy &Touch-up in Real World（将程序复制到机器人上并修正其位置点）；③Calibrate from Touch-Up（校准修正程序）。

任务实施

（1）双击前面任务中创建的“Fixture2”模型，在弹出的属性设置窗口中选择“Calibration”选项卡，单击“”Step1: Teach in 3D World”按钮，自动生成校准程序“CAL***.TP”，如图 3-39 所示。

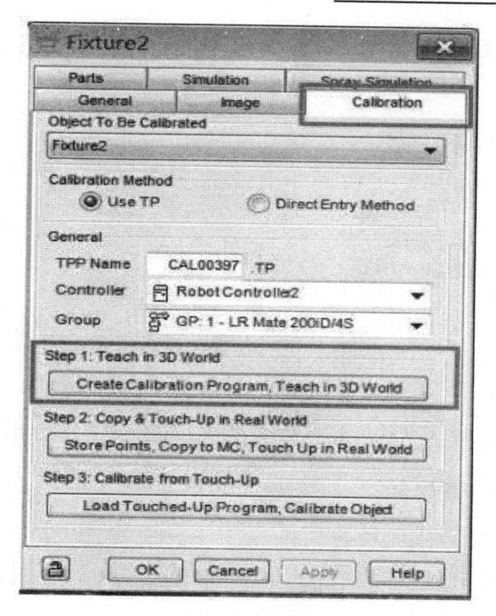

图 3-39　校准窗口

（2）用程序中调用的“工具坐标系 1”和“用户坐标系 0”示教指令中的三个位置点。注意：三个点不能在同一条直线上，如图 3-40 所示。

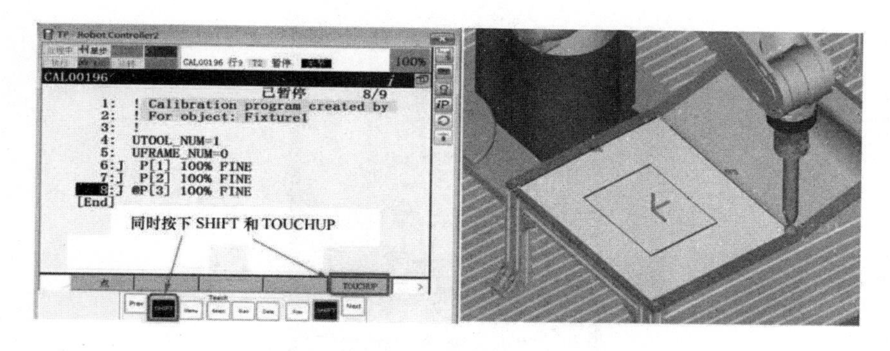

图 3-40　仿真中示教三个位置点

（3）单击“Step2:Copy＆ Touch-Up in Real World”按钮，自动将校准程序备份到对应文件夹里，如图 3-41 所示。

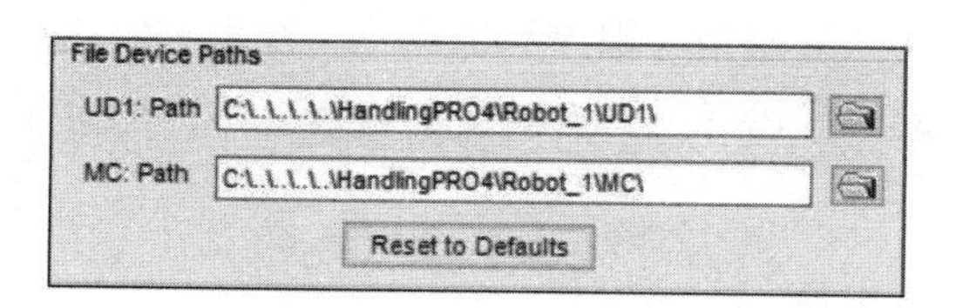

图 3-41　自动将校准程序备份到对应文件夹里

（4）使用存储设备将校准程序“CAL***.TP”上传到机器人上，如图 3-42 所示。

名称	修改日期	类型	大小
CAL00167.ls	2017/5/16 12:00	LS 文件	2 KB
CAL00167.TP	2017/5/16 12:00	TP 文件	1 KB
CAL00167.tp_original_points	2017/5/16 12:00	TP_ORIGINAL_P...	1 KB
CAL00167 ORIGINAL POINTS.TP	2017/5/16 12:00	TP 文件	1 KB

图 3-42　备份的程序

（5）在真实的机器人上设置同一个工具坐标系号和用户坐标系号，并在实际环境中相同的三个位置上分别示教更新三个特征点的位置。

（6）修正好的程序再放回原来的文件夹中（直接覆盖），单击“Step3: Calibrate from Touch Up”按钮后出现图 3-43 所示界面，界面中的数据即所生成的偏移量，单击“Accept Off”按钮，即可选择要偏移的程序。

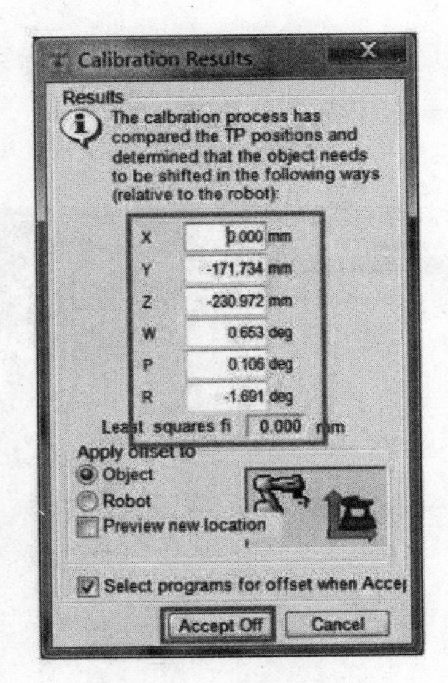

图 3-43　程序偏移数据

（7）以之前创建的程序“Prog2”为例，选择该程序，单击“OK”按钮进行偏移，会发现三维视图中的 Fixture 模型与程序关键点一同发生了偏移。

（8）将程序“Prog2”导出并上传到真实的机器人中，即可直接运行程序。

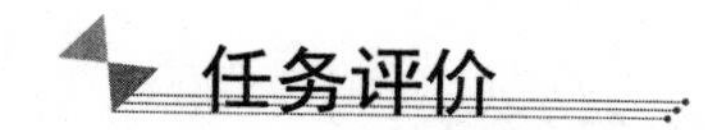

任务评价

表 3-4　任务评价表

评价方面	具体内容	自评	互评	师评
基本素养（30 分）	无迟到、早退、旷课现象（10 分）			
	操作安全规范（10 分）			
	具有较高的参与度和良好的团队协作能力、沟通交流能力（10 分）			
理论知识（20 分）	掌握修正离线程序的方法（20 分）			
	掌握导出并运行离线程序的方法（10 分）			
技能操作（50 分）	能够对离线程序进行修正（25 分）			
	能够导出并运行离线程序（25 分）			
综合评价				

思考与练习

1．外部模型可以支持什么格式的文件？一般采用哪种格式？

2．仿真中设置坐标系与真实机器人设置坐标系的哪种方法类似？

3．将机器人 TCP 移动到模型边缘上的点的快捷键是什么？

4．仿真程序与 TP 程序没有区别，请问这种说法是否正确？为什么？

5．仿真程序中示教点和添加指令的两个按钮分别是什么？

6．程序校准功能以什么坐标系为基准？

学习总结

项目学习了离线示教编程与程序修正的相关知识。

建议学习总结应包含以下主要因素：

1．你在本项目中学到什么？

2．你在团队共同学习的过程中，曾扮演过什么角色，对组长分配的任务你完成得怎么样？

3．你对自己的学习结果满意吗？如果不满意，你还需要从哪几个方面努力？对接下来的学习有何打算？

4．学习过程中经验的记录与交流（组内）。

5．你觉得这个课程哪里最有趣？哪里最无聊？

项目四　机器人搬运离线仿真编程

任务一　离线示教目标位置点

任务描述

在机器人搬运程序中，各个目标点都已经定义好，但位置并不准确，本任务就是通过分析机器人搬运程序，找出需要示教的目标点并通过离线进行目标点的示教。在示教过程中，要注意目标点的工具姿态是否正确，必要时需要对工具姿态进行调整。

创建机器人搬运仿真文件

任务实施

一、程序解读

解压 XM7_ banyun. rspag 文件，从“RAPID”菜单打开机器人的程序，认真阅读进行分析。

通过分析可以得出：机器人初始化时，首先回到工作原点（pHome），搬运条件满足时，机器人开始搬运，从工作原点移动到抓取位置上方 400mm 的位置 Offs（pPick，0，0，400），然后移动到抓取位置（pPick）抓取，最后将工件放置在放置点（pPlace）。pPlace 位置是一个可变量，它是通过两个不变量位置点（pBase1、pBase2）偏移计算而来的。

因此，我们需要对 pHome、pPick、pBasel、pBase2 这四个位置进行示教。

二、目标点离线示教

（1）工作原点示教。工作原点是机器人工作等待的一个位置，可以直接通过“机械装置手动线性”示教。在“布局”窗口，单击“IRB460”机器人，然后单击“机械装置手动线性”，如图 4-1 所示。

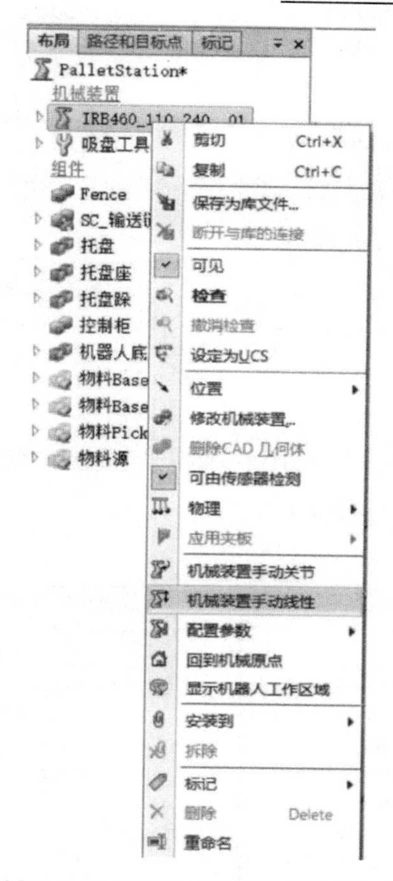

图 4-1　单击“机械装置手动线性”

在图 4-2 所示的“手动线性运动”对话框中，按照图中数值设置即可。

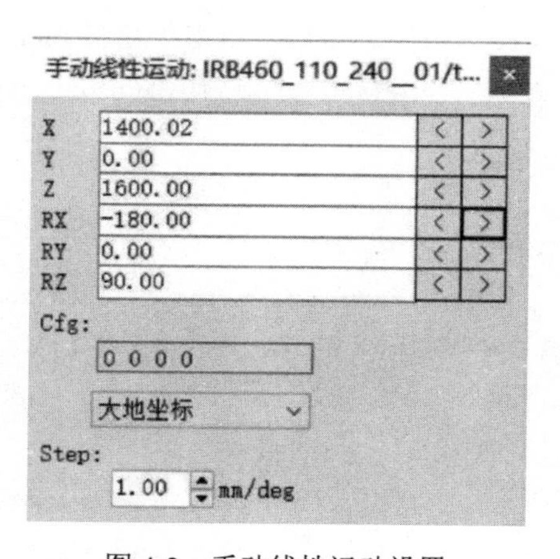

图 4-2　手动线性运动设置

单击“基本”菜单中的“示教目标点”控件，在弹出的图 4-3 所示提示框中勾选“不再显示此信息”，单击“是（Y）”。

图 4-3　提示框

在左侧的“路径和目标点”窗口中，找到该目标点，默认名称为“Target_10”，将其名称更改为“pHome”，如图 4-4 所示。

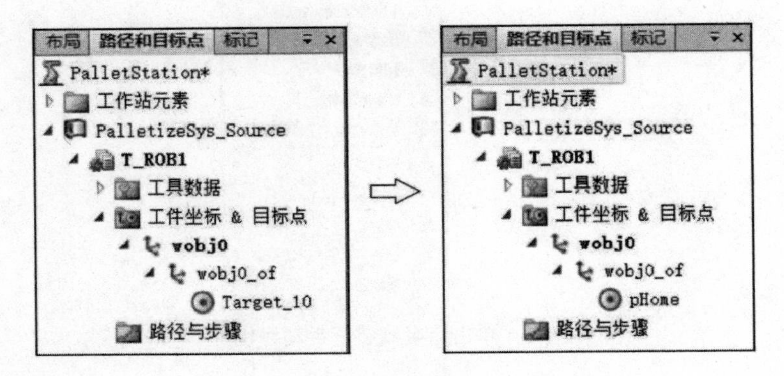

图 4-4　示教目标点

（2）拾取位置点示教。在“布局”窗口，右击“物料 pick_示教”，勾选“可见”，显示该物料。在“基本”菜单，单击目标点下拉按键，单击“创建目标”，如图 4-5 所示。

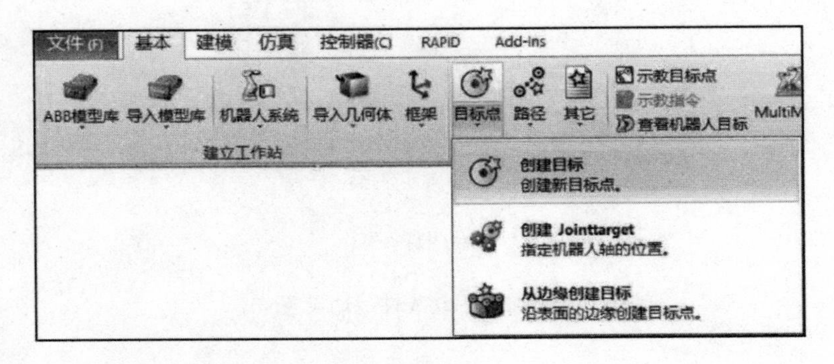

图 4-5　创建目标

使用捕捉中心点工具，捕捉该物料上表面中心点，如图 4-6 所示，单击“创建”。

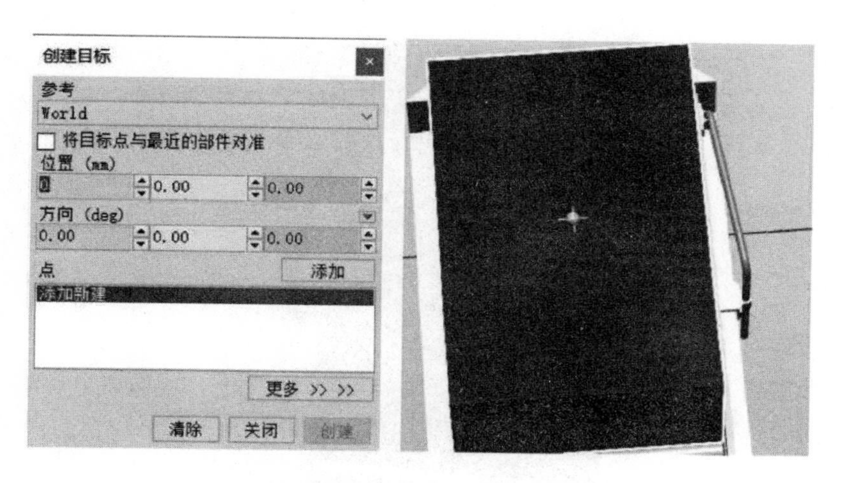

图 4-6　捕捉工件上表面中心点

将刚生成的目标点更名为“pPick”，然后右击“pPick”，查看目标处工具，勾选“吸盘工具”，如图 4-7 所示。

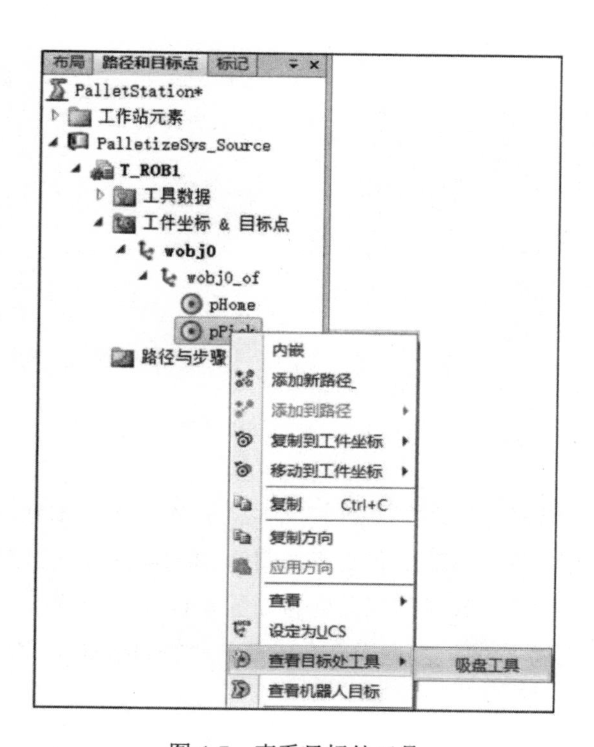

图 4-7　查看目标处工具

可以看到 pPick 位置的吸盘工具姿态如图 4-8 所示，需要对其进行调整。

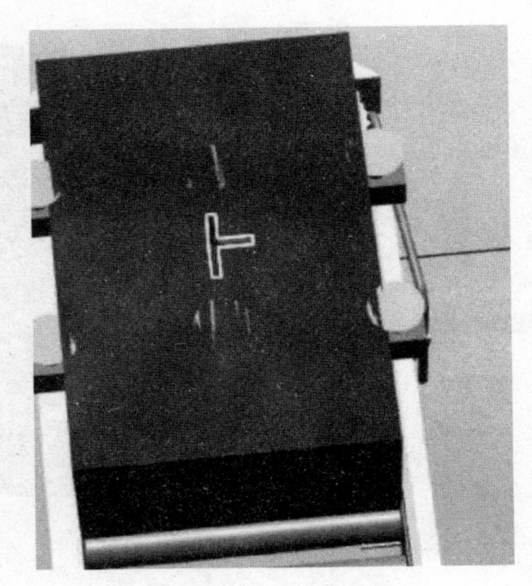

图 4-8　目标处工具姿态

右击“pPoick”→“修改目标”→“旋转”，打开如图 4-9 所示“旋转”对话框。

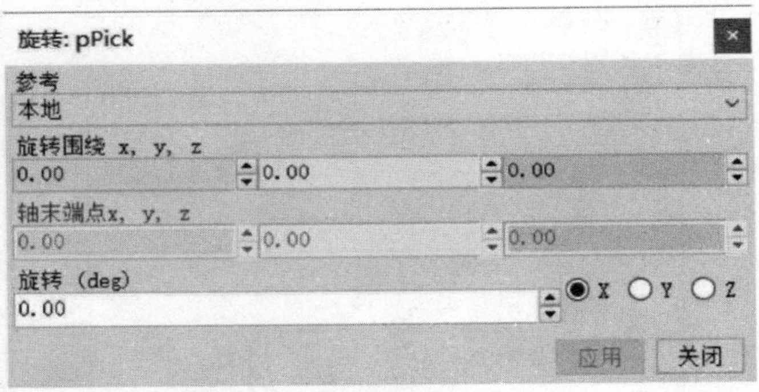

旋转: pPick

参考

本地

旋转围绕 x, y, z

0.00　0.00　0.00

轴末端点x, y, z

0.00　0.00　0.00

旋转 (deg)

0.00　X　Y　Z

应用　关闭

图 4-9　“旋转”对话框

在 “旋转”对话框中，“参考”选择“本地”，先绕着 Y 轴旋转 180°，如图 4-10（a）所示，单击“应用”旋转后的工具姿态如图 4-10（b）所示。再绕着 Z 轴旋转 90°，如图 4-11（a）所示，调整后吸盘的工具姿态如图 4-11（b）所示。

至此，pPrick 目标点离线示教完成。完成后将“物料 pick_示教”隐藏。

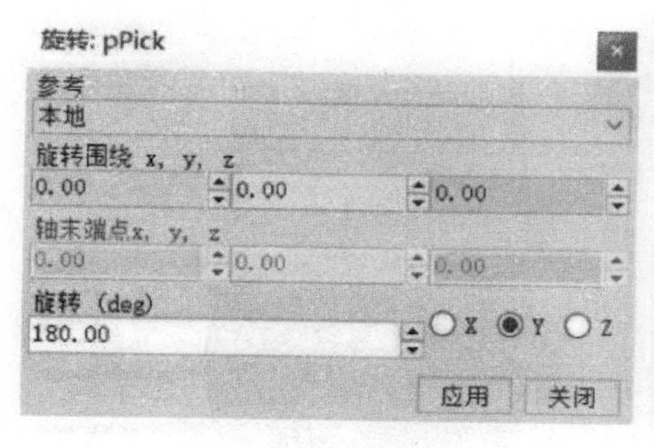

（a）

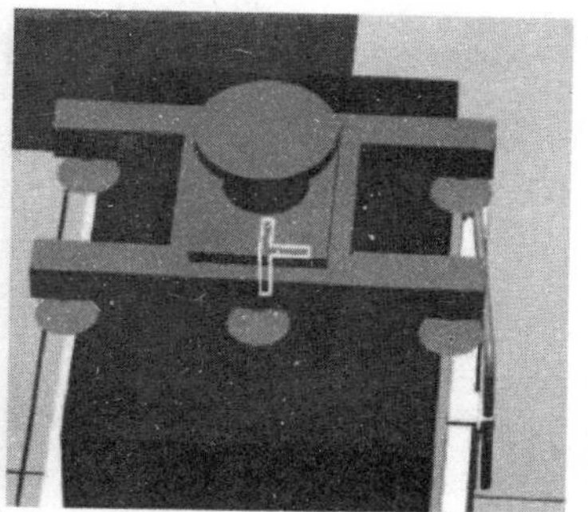

（b）

图 4-10　绕本地 Y 轴旋转 180°

（a）“旋转”对话框；（b）旋转后姿态

旋转: pPick
参考
本地
旋转围绕 x，y，z
0.00　0.00　0.00
轴末端点x，y，z
0.00　0.00　0.00
旋转（deg）
90.00　X　Y　Z
应用　关闭

（a）

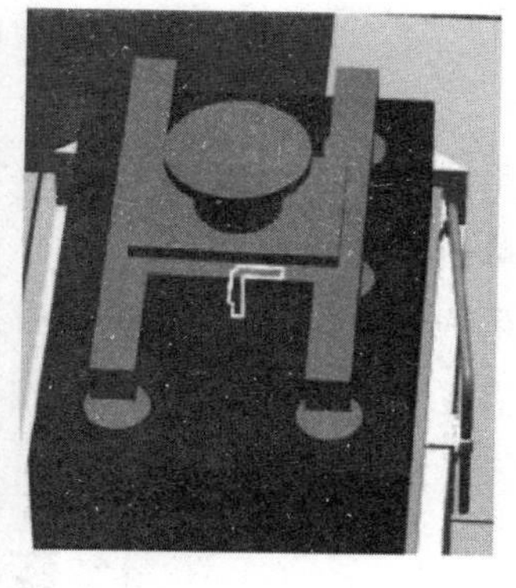

（b）

图 4-11　绕本地 Z 轴旋转 90°

（a）“旋转”对话框；（b）旋转后姿态

（3）放置基准 pBaseI 示教。在“布局”窗口，右击“物料 pBaseI_示教”，勾选“可见”，显示该物料。在“基本”菜单，单击目标点下拉按键，单击“创建目标”，弹出“创建目标”对话框，如图 4-12（a）所示。

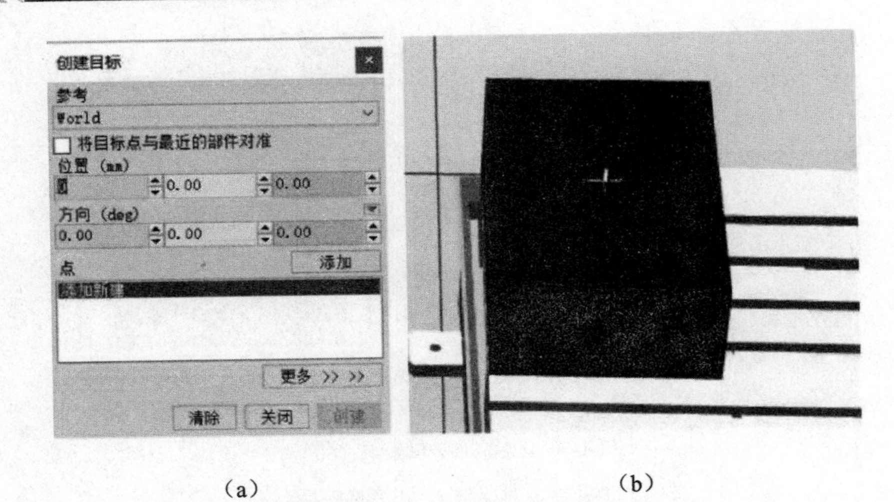

（a）　　　　　　　　（b）

图 4-12　捕捉工件上表面中心点

（a）“创建目标”对话框；（b）捕捉目标点

使用捕捉中心点工具，捕捉“物料 pBasel_示教”上表面中心点，如图 4-12（b）所示，单击“创建”。

将生成的目标点更名为 pBasel。可以看到，pBasel 位置的吸盘工具姿态如图 4-13 所示，需要对其进行调整。

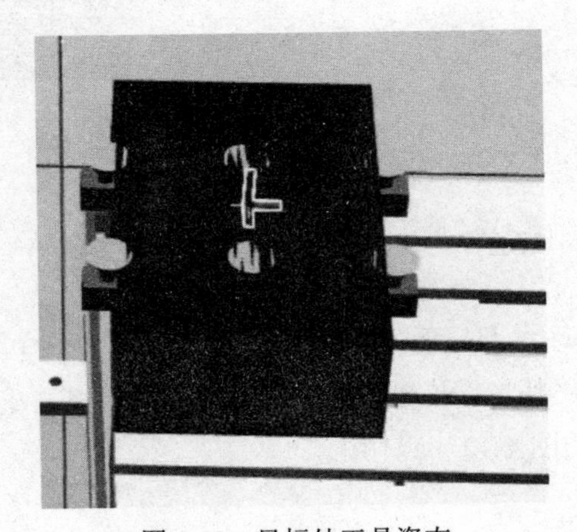

图 4-13　目标处工具姿态

右击“pBasel”→“修改目标”→“旋转”，打开“旋转”对话框。在图 4-14（a）所示“旋转”对话框中，“参考”选择“本地”，先绕着 Y 轴旋转 180°，单击“应用”旋转后的工具姿态如图 4-14（b）所示。

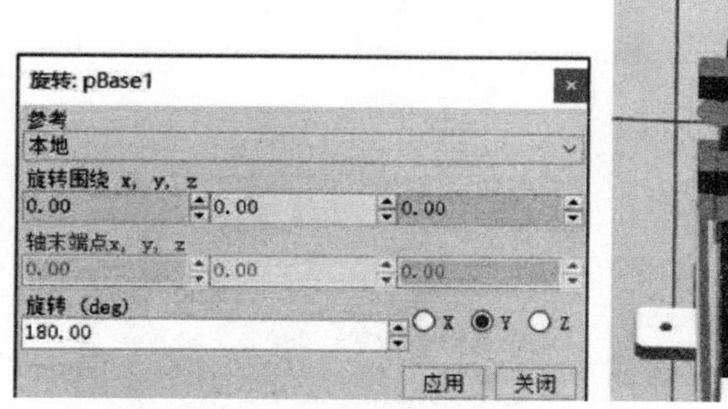

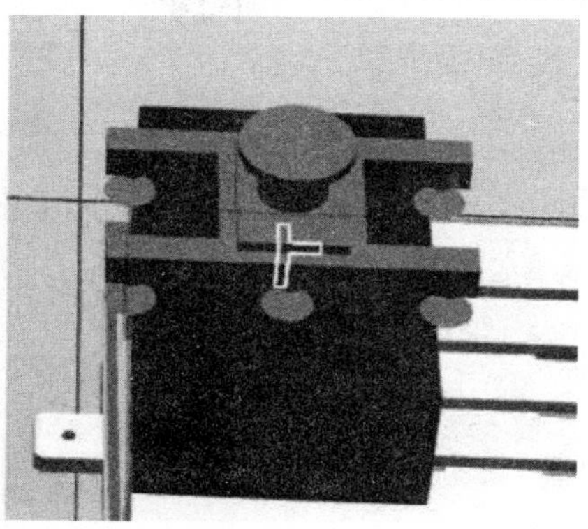

图 4-14　绕本地 *Y* 轴旋转 180°

（a）“旋转”对话框；（b）旋转后姿态

再绕着本地 *Z* 轴旋转 90°，如图 4-15（a）所示，调整后吸盘工具姿态如图 4-15（b）所示。至此，pBasel 目标点离线示教完成。完成后将“物料 pBasel_示教”隐藏。

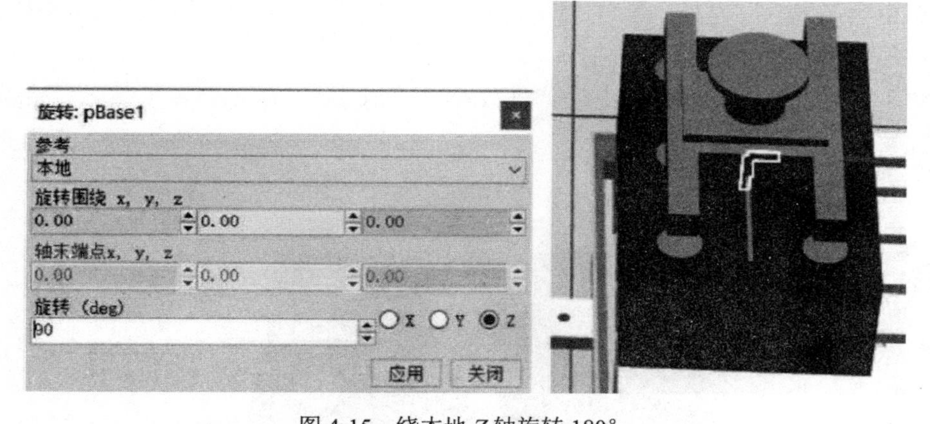

图 4-15　绕本地 *Z* 轴旋转 180°

（a）“旋转”对话框；（b）旋转后姿态

（4）放置基准 pBase2 示教。在“布局”窗口，右击“物料 pBase2_示教”，勾选“可见”，显示该物料。在“基本”菜单，单击目标点下拉按键，单击“创建目标”，弹出“创建目标”对话框，如图 4-16（a）所示。

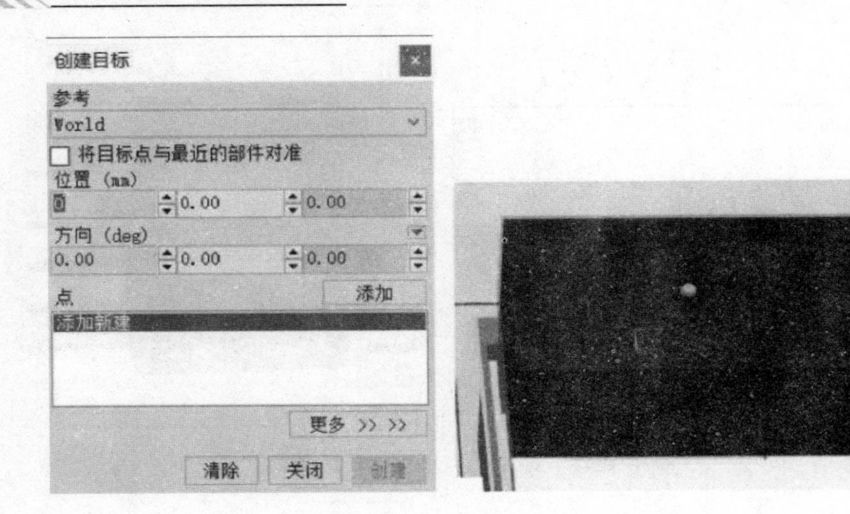

图 4-16　捕捉工件上表面中心点

（a）“创建目标”对话框；（b）捕捉目标点

使用捕捉中心点工具，捕捉“物料 pBasc2_示教”上表面中心点，如图 4-16（b）所示，单击“创建”。

将生成的目标点更名为 pBase2。可以看到，pBase2 位置的吸盘工具姿态如图 4-17 所示，需要对其进行调整。

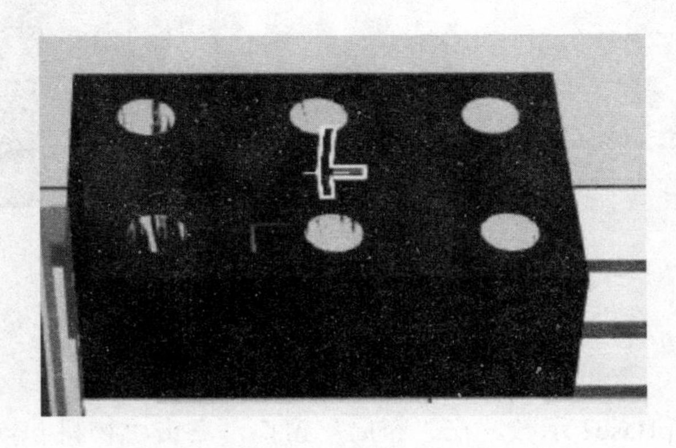

图 4-17　目标处工具姿态

右击“pBase2”→“修改目标”→“旋转”，打开“旋转”对话框。在图 4-18（a）所示“旋转”对话框中，“参考”选择“本地”，先绕着 *Y* 轴旋转 180°，单击“应用”旋转后的工具姿态如图 4-18（b）所示。

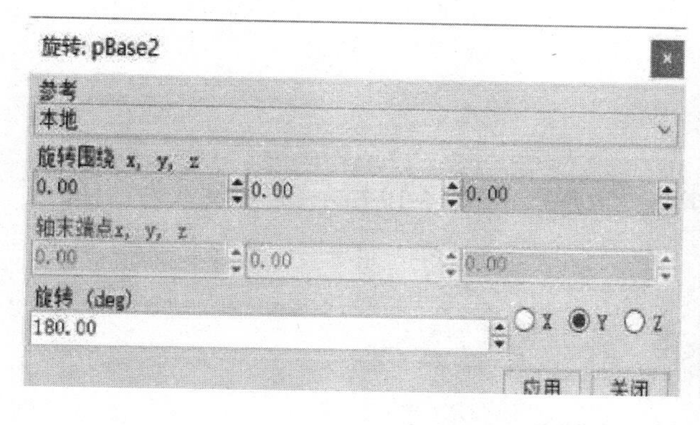

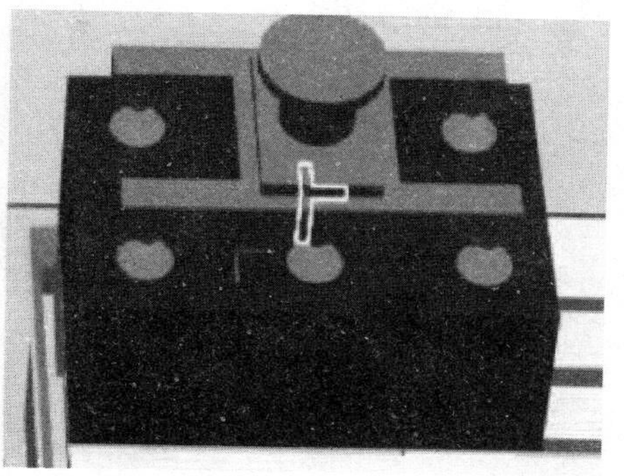

图 4-18　绕本地 Y 轴旋转 180°

（a）“旋转”对话框；（b）旋转后姿态

至此，pBase2 目标点离线示教完成。完成后将“物料 pBase2_示教”隐藏。

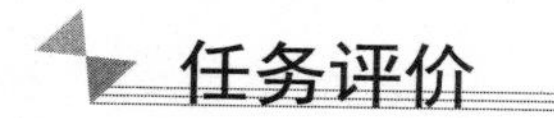

任务评价

表 4-1　任务评价表

评价方面	具体内容	自评	互评	师评
基本素养（30 分）	无迟到、早退、旷课现象（10 分）			
	操作安全规范（10 分）			
	具有较高的参与度和良好的团队协作能力、沟通交流能力（10 分）			
理论知识（20 分）	掌握找出需要示教的目标点的方法（10 分）			
	掌握通过离线进行目标点示教的方法（10 分）			
技能操作（50 分）	能够通过分析机器人搬运程序，找出需要示教的目标点并通过离线进行目标点的示教（50 分）			
综合评价				

任务二　同步到 RAPID

任务描述

目标点离线示教完成后需要将位置同步到 RAPID 中，因此先生成一条示教路径 rTech，然后通过“同步”，将目标点位置同步到 RAPID 中。

任务实施

一、生成路径

在 RobotStudio 软件右下侧修改指令模板参数，如图 4-19 所示。将速度改为“v500”，转角改为“fine”。

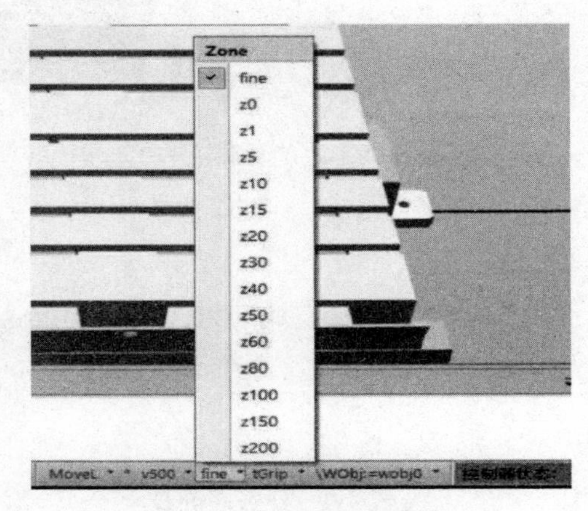

图 4-19　修改指令模板

在“路径和目标点”窗口，选中所有目标点，右击，然后单击“添加新路径”，如图 4-20 所示。

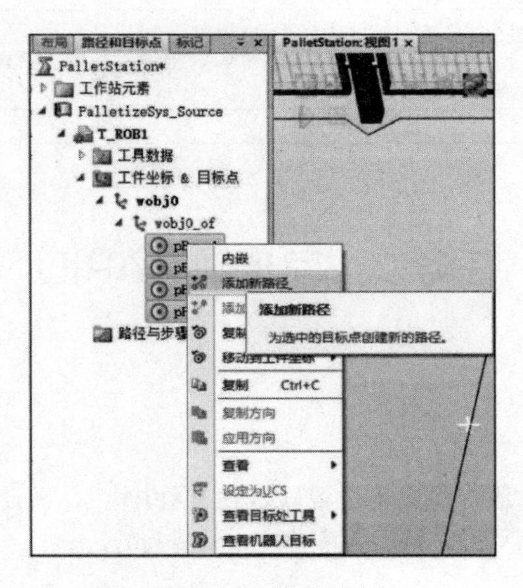

图 4-20　添加新路径

将新路径重命名为“rTech”，如图 4-21 所示。

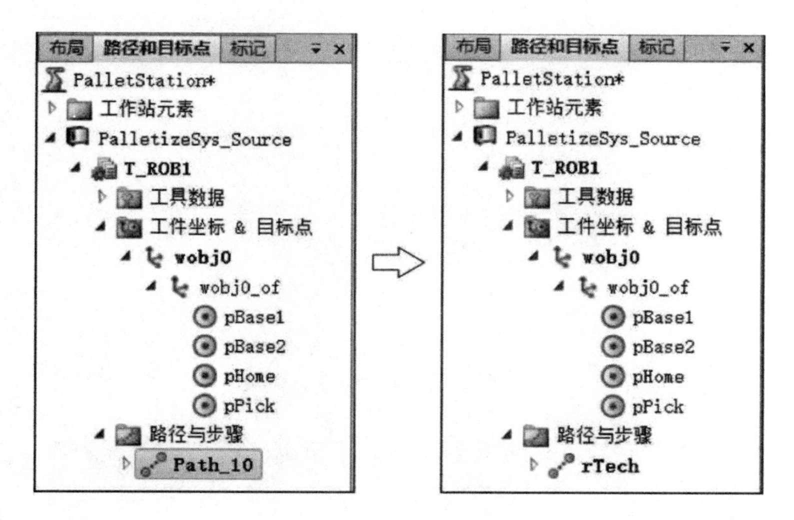

图 4-21　重命名路径

二、同步到 RAPID

在“基本”菜单中，单击“同步”下拉按钮，然后单击“同步到 RAPID”，如图 4-22 所示。

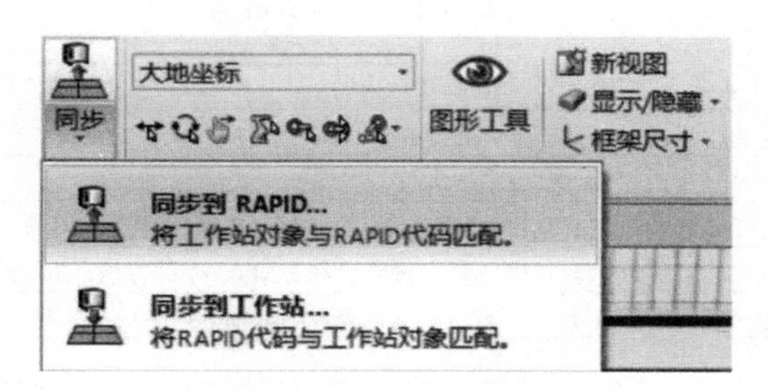

图 4-22　同步到 RAPID

选中所有需要同步的对象（工具坐标、路径、目标点），“模块”一栏统一更改为“MainMoudle”，“存储类型”一栏统一更改为“PERS”，单击“确定”，如图 4-23 所示。

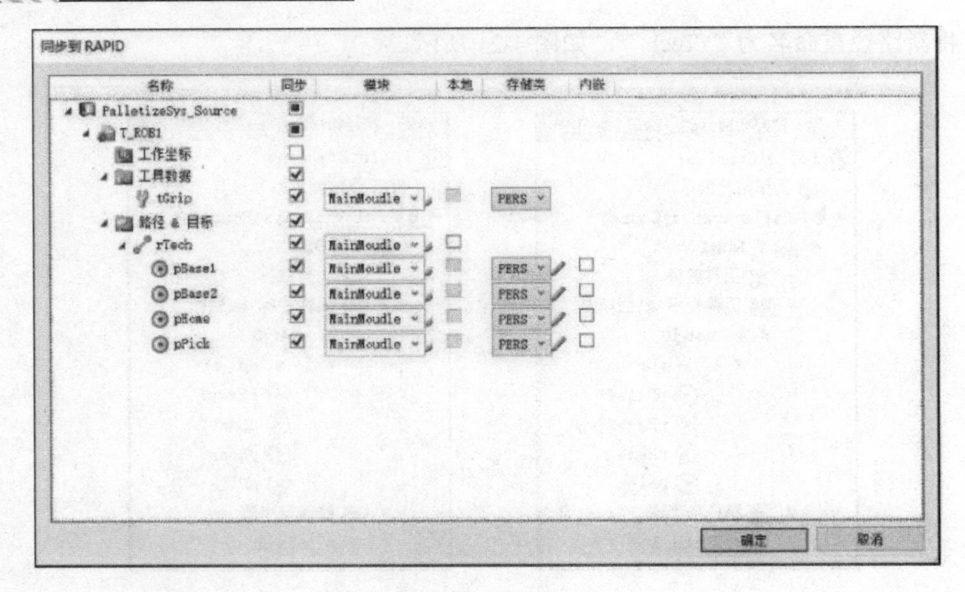

图 4-23　同步选项

至此，目标点离线示教完成。

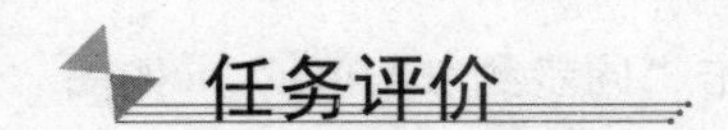

任务评价

表 4-2　任务评价表

评价方面	具体内容	自评	互评	师评
基本素养（30 分）	无迟到、早退、旷课现象（10 分）			
	操作安全规范（10 分）			
	具有较高的参与度和良好的团队协作能力、沟通交流能力（10 分）			
理论知识（20 分）	掌握目标点离线示教完成后将位置同步到 RAPID 中的方法（20 分）			
技能操作（50 分）	目标点离线示教完成后，能够将位置同步到 RAPID 中（50 分）			
综合评价				

任务三　码垛位置例行程序修改

任务描述

示教目标点时，示教了两个基本位置：pBase1 和 pBase2。其余的码垛位置点需要通过这两个位置计算得到。因此，需要在码垛位置例行程序 rPos 中修改码垛位置信息。

任务实施

一、码垛位置点计算

pBase1 和 pBase2 已经示教好，观察如图 4-24 所示奇数层和偶数层的摆放位置，可以使用 Offs 偏移指令设置 pBase1、pBase2 的位置，对其余位置点可以通过运算得到。

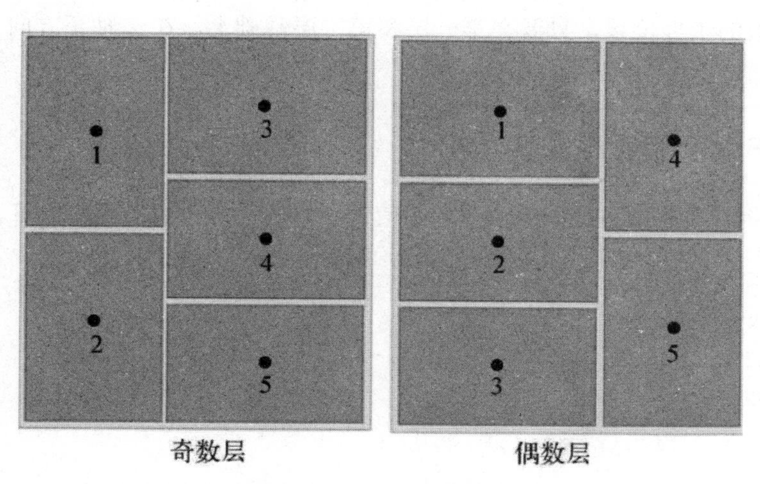

图 4-24　奇数和偶数层码垛

Offs 使用的当前工件坐标系为 wobj0，示教点和工件坐标系的关系如图 4-25 所示。

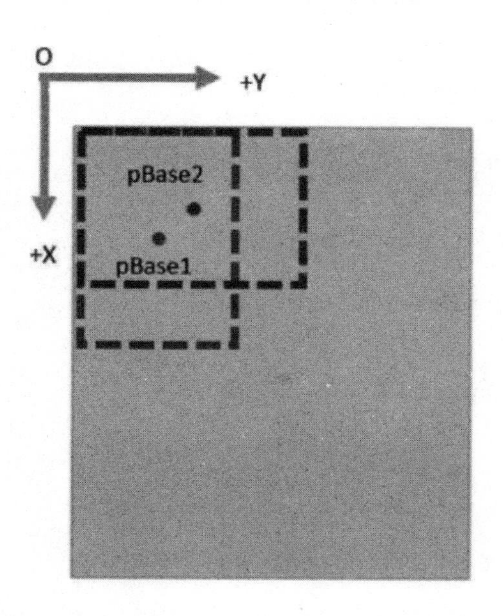

图 4-25　示教点 pBase1、pBase2 和工件坐标系的关系

码垛第一层的五个位置，分别为Offs（pBasel，0，0，0）、Offs（pBasel，600，0，0）、Offs（pBase2，400，400，0）、Offs（pBase2，400，400，0）、Offs（pBase2，800，400，0）。

码垛第二层的五个位置，分别为Offs（pBase2，0，0，200）、Offs（pBase2，400，0，200）、Offs（pBase2，800，0，200）、Offs（pBasel，0，600，200）、Offs（pBasel，600，600，200）。

更高层数的工件位置，只要在第一层和第二层基础上，在 *Z* 轴正方向上叠加相应的产品高度即可完成。

二、修改 rPos 例行程序

对 rPos 例行程序中各个码垛位置的数值进行修改，修改后的程序如下。

```
PROC rPos（ ）
    ! Layer 1;
    TEST nCount1
    CASE 1:
pPlace: = Offs（pBasel,0,0,0）;
    CASE 2:
pPlace: = Offs（pBasel,600,0,0）;
    CASE 3:
pPlace: = Offs（pBase2,0,400,0）;
    CASE 4:
pPlace: = Offs（pBase2,400,400,0）;
    CASE 5:
pPlace: = Offs（pBase2,800,400,0）;
    ! Layer 2;
    CASE 6:
pPlace: = Offs（pBase2,0,0,200）;
    CASE 7:
pPlace: = Offs（pBase2,400,0,200）;
    CASE 8:
pPlace: = Offs（pBase2,800,0,200）;
    CASE 9:
pPlace: = Offs（pBasel,0,600,200）;
    CASE 10:
pPlace: = Offs（pBasel,600,600,200）;
```

```
ENDTEST
ENDPROC
```

修改完成后，单击“RAPID”菜单下的“应用”→“全部应用”，如图 4-26 所示，修改的程序传到控制器中。

图 4-26　修改程序

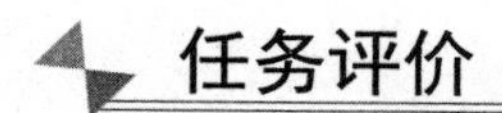

任务评价

表 4-3　任务评价表

评价方面	具体内容	自评	互评	师评
基本素养（30 分）	无迟到、早退、旷课现象（10 分）			
	操作安全规范（10 分）			
	具有较高的参与度和良好的团队协作能力、沟通交流能力（10 分）			
理论知识（20 分）	掌握对码垛位置例行程序进行修改的方法（20 分）			
技能操作（50 分）	能够对码垛位置例行程序进行修改（50 分）			
综合评价				

任务四　物件拾取与放置仿真设置

任务描述

离线程序修改调试完成后，机器人可以动作。为使机器人动作更为逼真，可以通过“事件管理器”来进行仿真设置，实现拾取物件和放置物件的动画效果。

任务实施

ABB RobotStudio 软件中制作动画效果有两个工具，一个是事件管理器，另一个是 Smart 组件。

事件管理器的使用相对来说比较简单，容易理解，就I/O信号来说可创建的事件主要有更改I/O、附加对象、提取对象、打开/关闭TCP跟踪、将机械装置移至姿态、移动对象、显示/隐藏对象、移到查看位置。

本任务将使用doGrip信号来做附加对象和提取对象的仿真。当doGrip从0到1时，附加工件对象；当doGrip从1到0时，提取对象。

一、打开事件管理器

在“仿真”菜单中，单击图4-27所示位置，打开“事件管理器”。

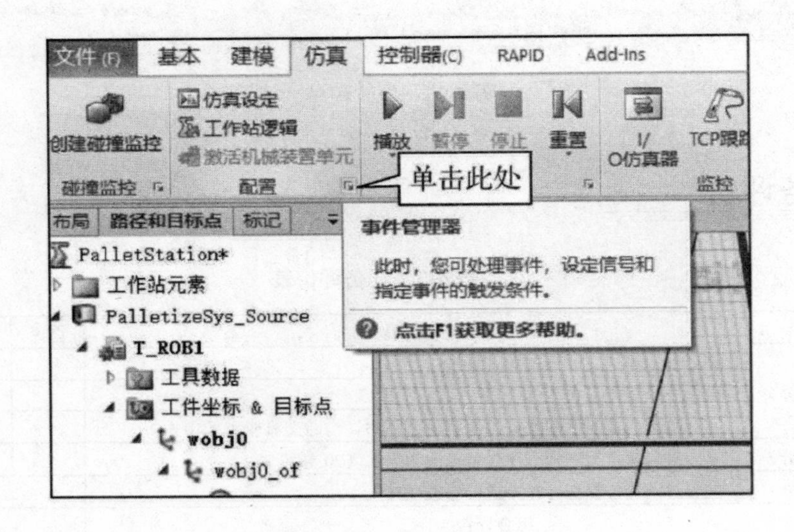

图4-27　打开“事件管理器”

二、吸盘工具吸取工件仿真

在“事件管理器”窗口中，单击“添加”，出现如图4-28所示“创建新事件-选择触发类型和启动”窗口，在“事件触发类型”中选择“I/O信号已更改”，单击“下一个”按钮。

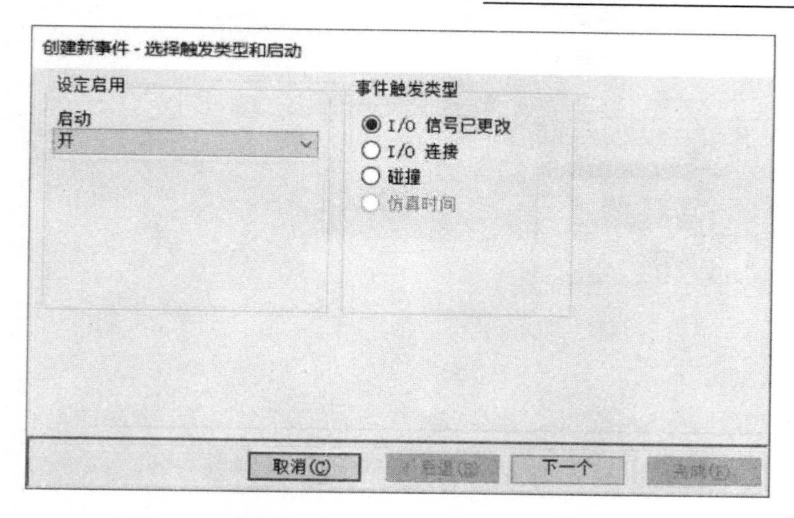

图 4-28 “创建新事件-选择触发类型和启动”窗口

在图 4-29 所示“创建新事件-I/O 信号触发器”窗口中选中“doGrip”，选择“信号是 True”，单击“下一个”按钮。

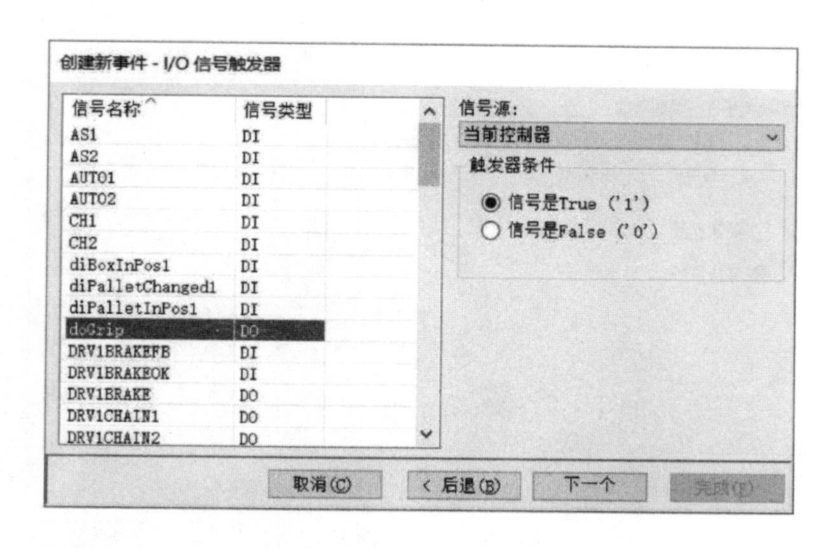

图 4-29 “创建新事件-I/O 信号触发器”窗口

在图 4-30 所示“创建新事件-选择操作类型”窗口中，设定动作类型改为“附加对象”，单击“下一个”按钮。

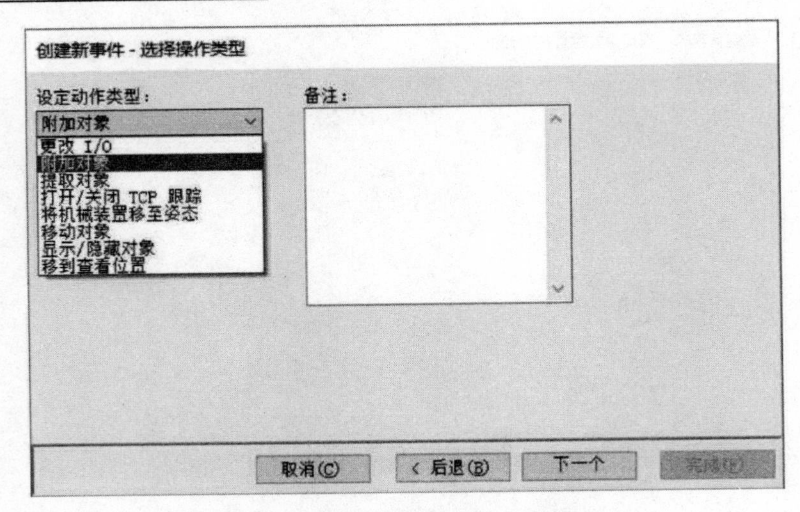

图 4-30 “创建新事件-选择操作类型”窗口

在图 4-31 所示“创建新事件-附加对象”窗口，“附加对象”改为“查找最接近 TCP 的对象”，选中“保持位置”，“安装到”选择“吸盘工具”，单击“完成”按钮。

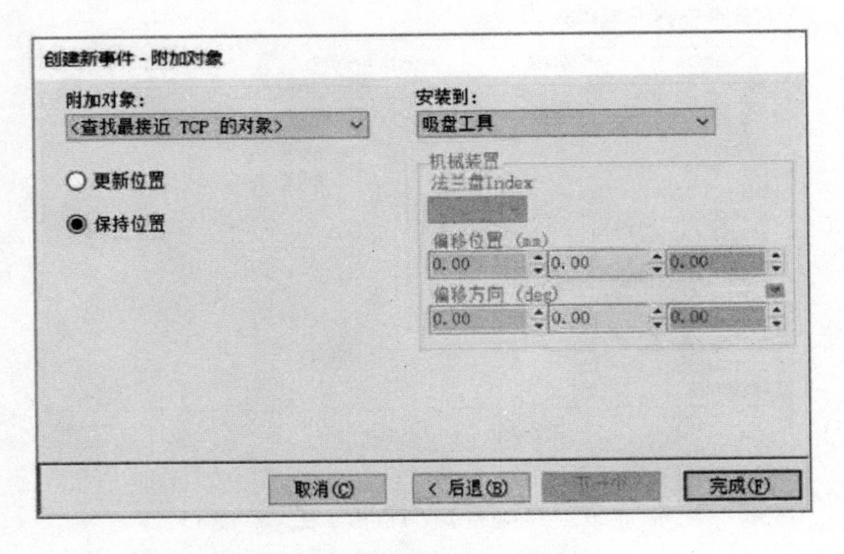

图 4-31 “创建新事件-附加对象”窗口

三、吸盘工具放置工件仿真

在“事件管理器”窗口中，再次单击“添加”，出现如图 4-32 所示“创建新事件-选择触发类型和启动”窗口，在“事件触发类型”中选择“I/O 信号已更改”，单击“下一个”按钮。

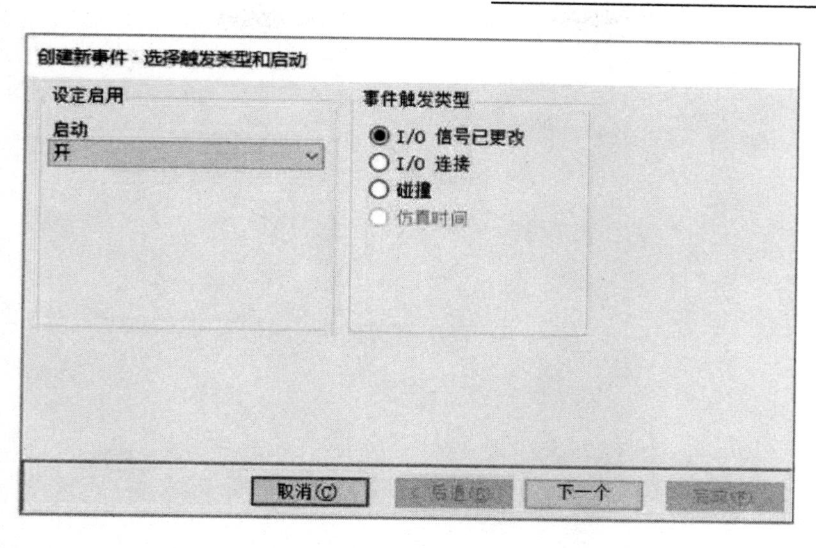

图 4-32　“创建新事件-选择触发类型和启动”窗口

在图 4-33 所示“创建新事件-I/O 信号触发器”窗口，选择“doGrip”，选中“信号是 False”，单击“下一个”按钮。

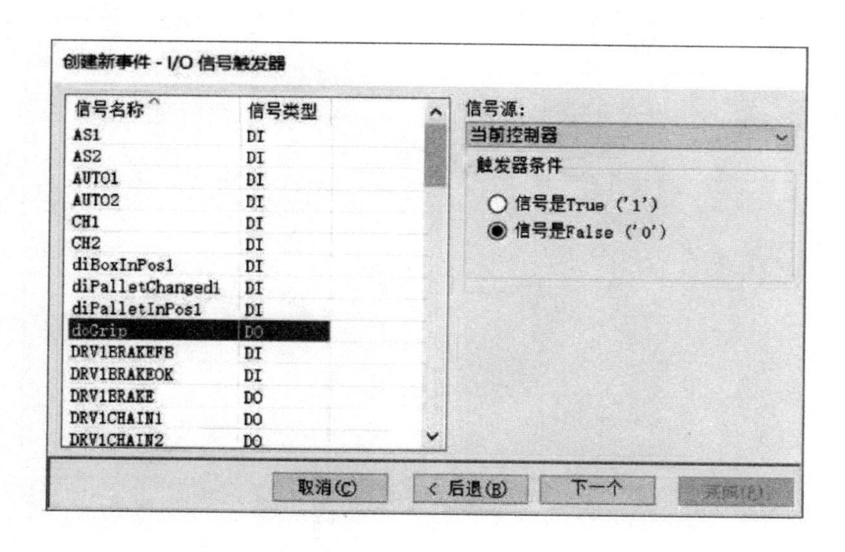

图 4-33　“创建新事件-I/O 信号触发器”窗口

在图 4-34 所示“创建新事件-选择操作类型”窗口中，“设定动作类型”改为“提取对象”，单击“下一个”按钮。

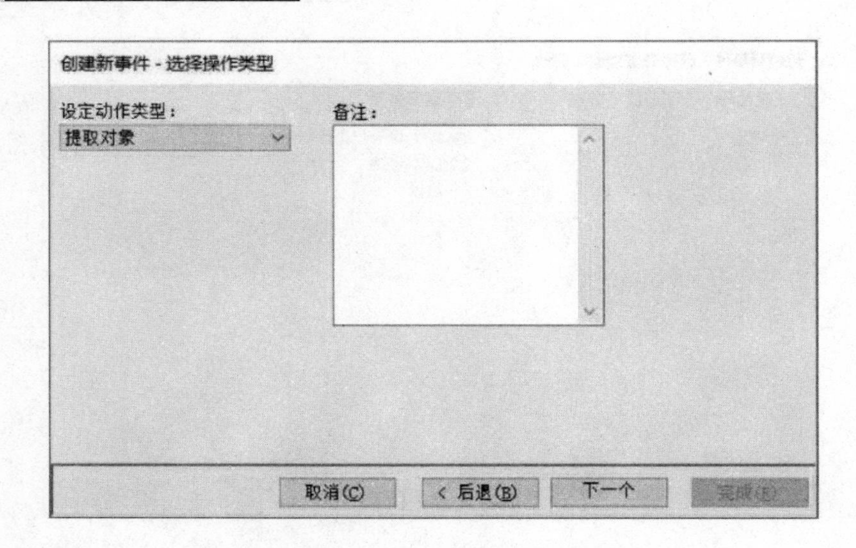

图 4-34 “创建新事件-选择操作类型”窗口

在图 4-35 所示“创建新事件-提取对象”窗口，“提取对象”选择“任何对象”，“提取于”选择“吸盘工具”，单击“完成”按钮。

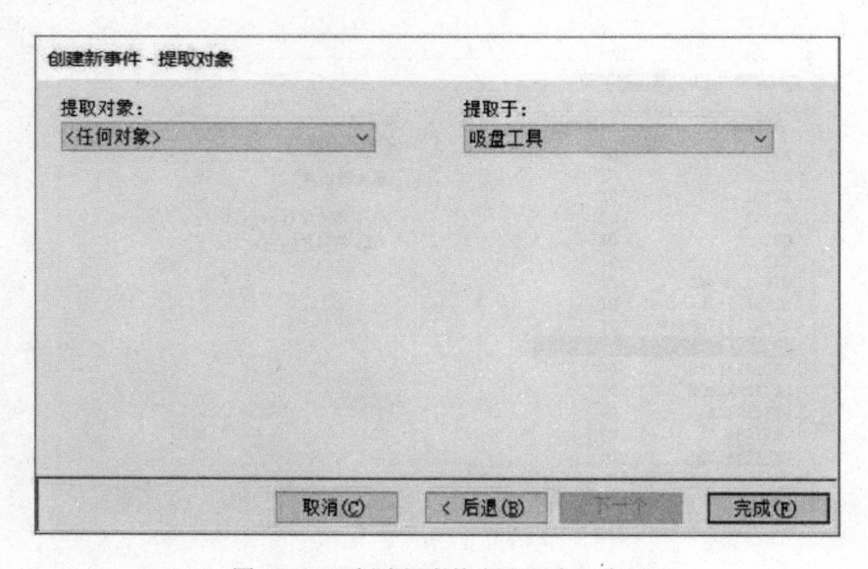

图 4-35 “创建新事件-提取对象”窗口

任务评价

表 4-4　任务评价表

评价方面	具体内容	自评	互评	师评
基本素养（30 分）	无迟到、早退、旷课现象（10 分）			
	操作安全规范（10 分）			
	具有较高的参与度和良好的团队协作能力、沟通交流能力（10 分）			
理论知识（20 分）	掌握对吸盘工具吸取工件进行仿真的方法（10 分）			
	掌握对吸盘工具放置工件进行仿真的方法（10 分）			
技能操作（50 分）	能够对吸盘工具吸取工件进行仿真（25 分）			
	能够对吸盘工具放置工件进行仿真（25 分）			
综合评价				

思考与练习

1．在机器人工作站中，若 RAPID 程序中新建了 VAR bool Pallet_Full 变量，那么其可以赋值为（　　）。（多选题）

A．FALSE

B．TRUE

C．1

D．0

2．RobotStudio 6.0x 中的信号类型主要有（　　）等几种类型。（多选题）

A．DigitalInput、DigitalOutput

B．AnalogInput、AnalogOutput

C．DigitalgroupInput、DigitalgroupOutput

D．Input、Output

3．RAPID 程序中的用户程序必须包含（　　）模块。（多选题）

A．MAIN

B．Mainmoudle

C．BASE

D．user

4．RAPID 程序中的程序数据有（　　）类型。（多选题）

A．FALSE

B．PERS

C．VAR

D．CONT

5．搬运码垛工作站 RAPID 程序中有一组数据需定义为二维数组，以下表达式中正确的是（　　）。

A．CONT num PalletPos {4, 2}

B．VAR num PalletPos {4 2}

C．PERS num PalletPos {2, 4}

D．PERS num PalletPos {4. 2}

6．搬运码垛工作站 RAPID 程序中，若 Pallet_ Count=1，那么 Incr Pallet _count 指令执行结束后，Pallet_count 的结果为（　　）。

A．1

B．2

C．3

D．4

学习总结

项目学习了机器人搬运离线仿真编程的相关知识。

建议学习总结应包含以下主要因素：

1．你在本项目中学到什么？

2．你在团队共同学习的过程中，曾扮演过什么角色，对组长分配的任务你完成得怎么样？

3．你对自己的学习结果满意吗？如果不满意，你还需要从哪几个方面努力？对接下来的学习有何打算？

4．学习过程中经验的记录与交流（组内）。

5．你觉得这个课程哪里最有趣？哪里最无聊？

项目五　轨迹绘制与轨迹自动规划编程

任务一　汉字书写的轨迹编程及现场运行

任务描述

汉字书写虚拟仿真工作站选用 FANUC LR Mate 200*i*D/4S 小型机器人，工作站基座为 Fixture1，汉字下方的平板为 Fixture2，机器人的法兰盘安装有笔形工具（TCP 位于笔尖），“教育”二字为 Part1，如图 5-1 所示。该机器人仿真工作站要完成的任务是生成“教育”两个字的离线程序，然后导出程序并上传到真实的机器人当中，在真实的工作站上“写出”上述两个字。

汉字书写
虚拟仿真

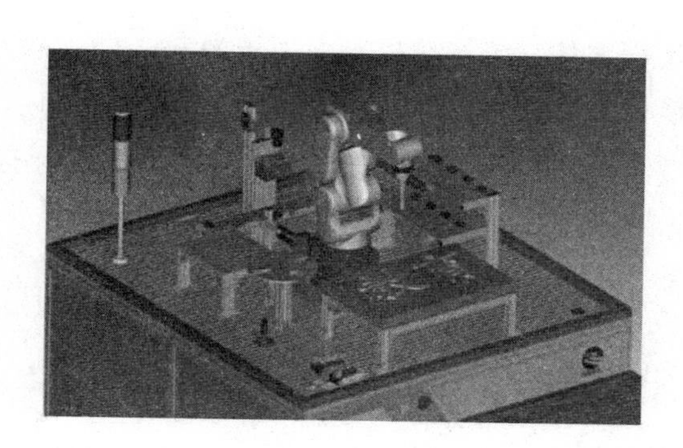

图 5-1　汉字书写仿真工作站

机器人进行汉字书写的方法与人的书写方法不同，要完成标准字体的“书写”，TCP 必须沿着汉字的外轮廓进行刻画。如果进行示教编程，无论是在线示教还是在软件中离线示教，需要记录的关键点数量都是比较多的。尤其是那些艺术字体和线条复杂的图形，需要的示教点数量非常庞大，并且因为字体轮廓线条的不规则性，手动示教的动作轨迹很难与字的轮廓相吻合。所以此工作站将运用“模型-程序”转换技术完成汉字书写的离线编程，实现机器人写字的功能。在实际的生产中，此类编程多应用于激光切割、等离子切割、异形轮廓去毛刺等工艺，实现立体字和复杂图形的加工。

本任务将通过创建书写“教育”离线程序的实例来熟悉“模型-程序”转换功能的具体应用，包括如何取模型的轮廓、程序设置窗口中常用的项目以及轨迹路径如何向程序转换。最后还要将离线程序下载到真实的机器人工作站中去验证，其中包括如何调整工作站设置和最终运行。真实机器人运行结果如图 5-2 所示。

图 5-2　真实机器人运行结果

任务实施

一、准备工作——构建工作站

（1）创建机器人工程文件，选取的机器人型号为 FANUC LR Mate 200*i*D/4S。

（2）将工作站基座以 Fixture 的形式导入，并调整好位置。

（3）导入笔形工具作为机器人的末端执行器，将笔尖设置为工具坐标系的原点，坐标系的方向不变。

（4）将“教育”两个字的模型以 Part 的形式导入，关联到 Fixture 模型上，并调整好大小和位置。

（5）设定新的用户坐标系，将坐标原点设置在“教”字模型的第一笔画的位置上，坐标系方向与世界坐标系保持一致，如图 5-3 所示。

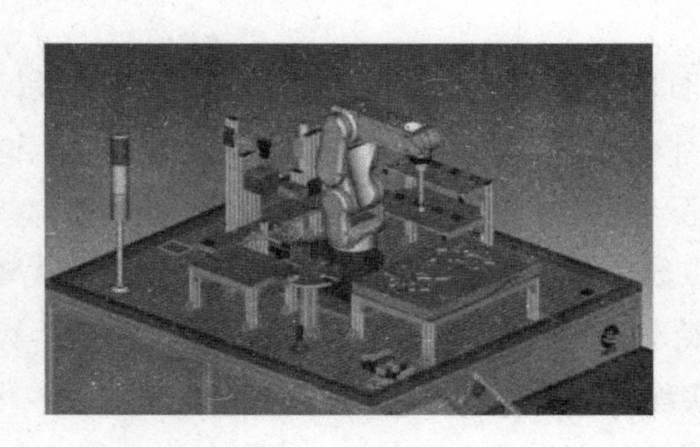

图 5-3　工作站状态

二、轨迹分析

“教育”两个字按此模型的形态，如图 5-4 所示，形成了五个完整的封闭轮廓。这就意味着有 5 条轨迹线，其中“教”字分为左右两部分，“育”字分为上中下三部分。每条轨迹线对应着一个轨迹程序，对其分别进行编程，最后用主程序将五个子程序依次运行。

图 5-4　教育 Part 模型文件

三、轨迹绘制

（1）在“Cell Browser”窗口中相对应的“Parts”下找到“Features”，右击“Draw Features”，弹出“CAD-To-Path”窗口，如图 5-5 所示。

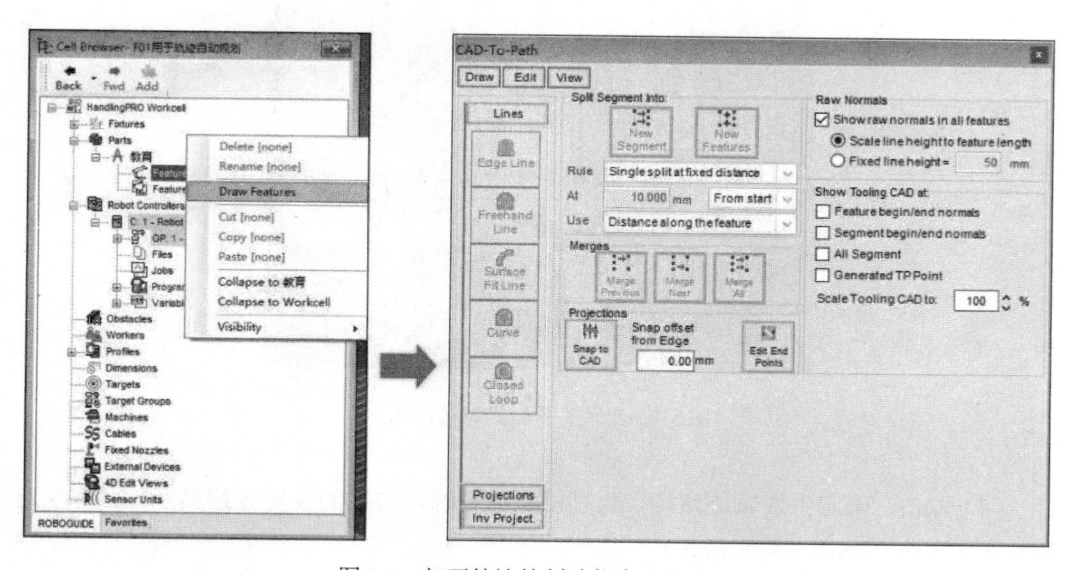

图 5-5　打开轨迹绘制功能窗口的操作

或者单击工具栏中的“Draw Features”按钮，弹出“CAD-To-Path”窗口，单击工件，激活画线的功能。

（2）首先绘制“教”字左半部分的路径，单击“Closed Loop”按钮，将光标移动到模型上，模型的局部边缘高亮显示，图 5-6 中较短的竖直线是鼠标捕捉的位置。

图 5-6　捕捉开始点预览

（3）移动鼠标时黄线的位置也发生变化，将其调整到一个合适位置后，单击，确定路径的起点位置，然后将光标放在此平面上，出现完整轨迹路径的预览，如图 5-7 所示。

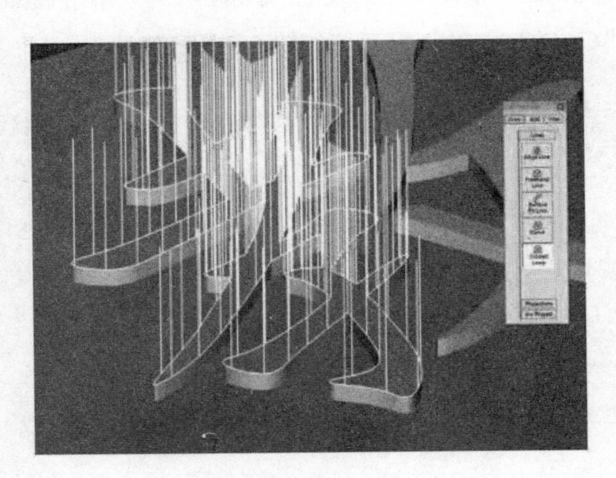

图 5-7　出现完整轨迹路径的预览

（4）双击，确定生成轨迹路径，此时模型的轮廓以较细的高亮黄线显示，并产生路径的行走方向，如图 5-8 所示。

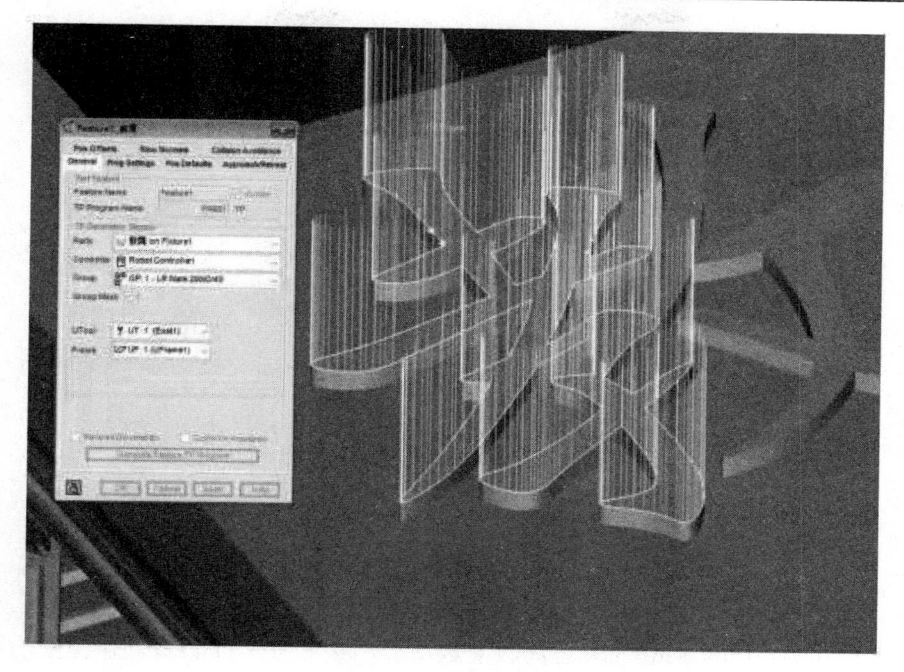

图 5-8　路径的生成

（5）生成轨迹路径的同时，会自动弹出一个设置窗口，如图 5-8 所示。这样一个完整的路径称为特征轨迹，用“Feature”来表示，子层级轨迹用“Segment”来表示，其目录会显示在“Cell Browser”窗口中对应的“Parts”模型下，如图 5-9 所示。Segment 是 Feature 的组成部分，一个 Feature 可能含有一个或者多个 Segment。

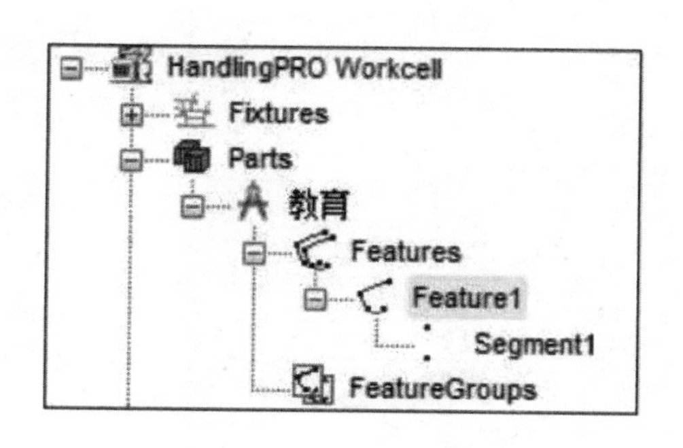

图 5-9　特征轨迹结构目录

四、程序转化

（1）在弹出的特征轨迹设置窗口选择“General”选项卡，将程序命名为“JIAO_01”，选择工具坐标系 1 和用户坐标系 1，单击“Apply”按钮完成设置，如图 5-10 所示。

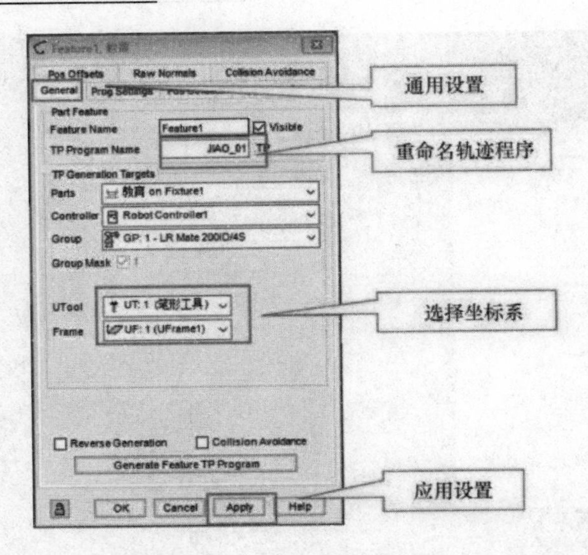

图 5-10　程序属性设置面板

（2）切换到“Prog Settings”程序设置选项卡，参考图 5-11 设置动作指令的运行速度和定位类型，单击“Apply”按钮完成设置。

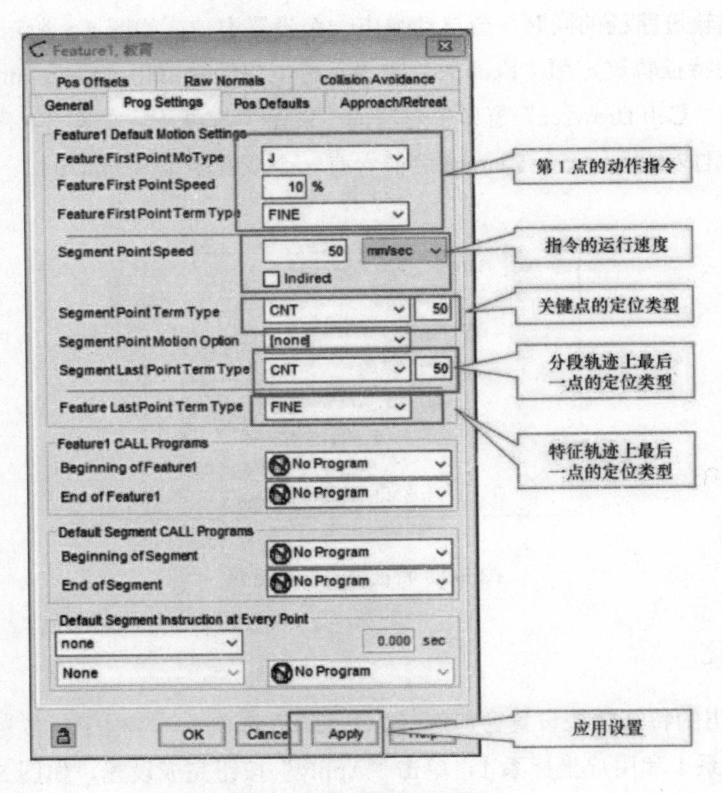

图 5-11　程序指令设置面板

在“指令的运行速度”设置项目中，勾选下方的“Indirect”间接选项，速度值将会使用数值寄存器的值，如果程序上传到真实机器人中运行，其速度修改将极为方便。

（3）切换到“Pos Defaults”选项卡下，进行关键点位置和姿态的设置，如图 5-12 所示。

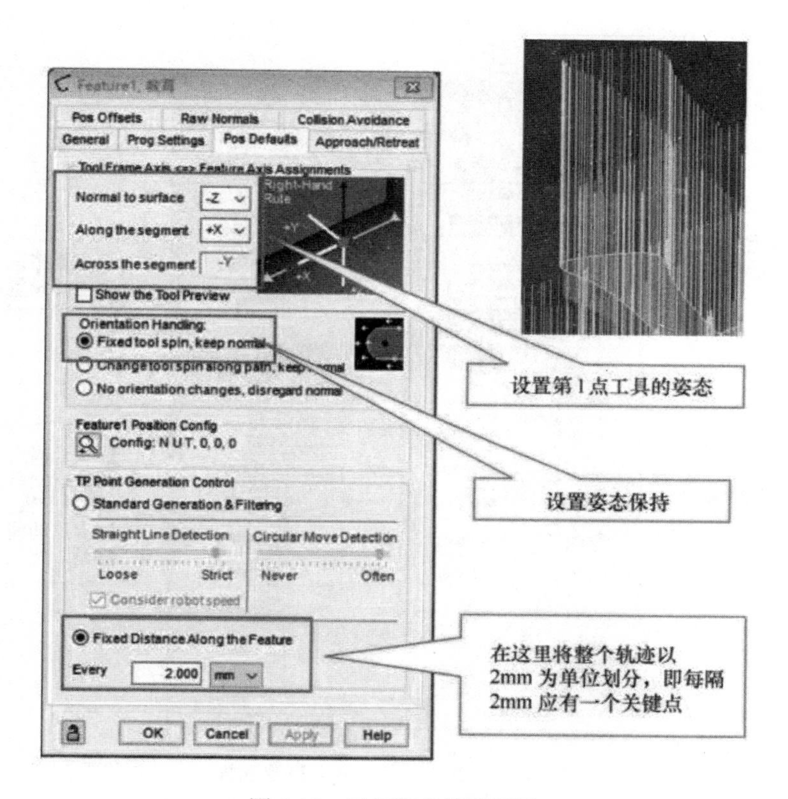

图 5-12　工具姿态设置面板

设置面板中坐标系中蓝色箭头“Normal to surface”的方向为模型表面点的法线方向，与右边模型中黄色线的指向相同，每根黄色线都对应着一个关键点。由于本任务中机器人工具坐标系的方向保持默认，所以工具坐标系的－*Z* 轴向与图 5-12 所示蓝色箭头相同。黄色箭头“Along the segment”指的是路线的行进方向，设置+X 表示工具坐标系 *X* 轴正方向与行进方向一致。

“Fixed tool spin，keep normal”表示 TCP 在行进过程中，工具坐标系的轴始终指向一个方向。如果选择“Change tool spin，keep normal”，则工具坐标系的轴的指向会跟随行进方向的变化而变化。

关键点控制设置为“Fixed Distance Along the Feature”表示将一条复杂的轨迹划分成很多直线，直线越短，轨迹的平滑度也就越高，但是关键点的数量也就越高，最终的程序会越大。如果选择“Standard Generation＆Filtering”，则软件将会用圆弧和直线去识别轨迹，但是由于轨迹极不规则，这种方式很容易导致检测不正常，造成最终程序的轨迹偏离。

（4）切换到“Approch / Retreat”选项卡，进行接近点和逃离点的设置，如图 5-13 所示。

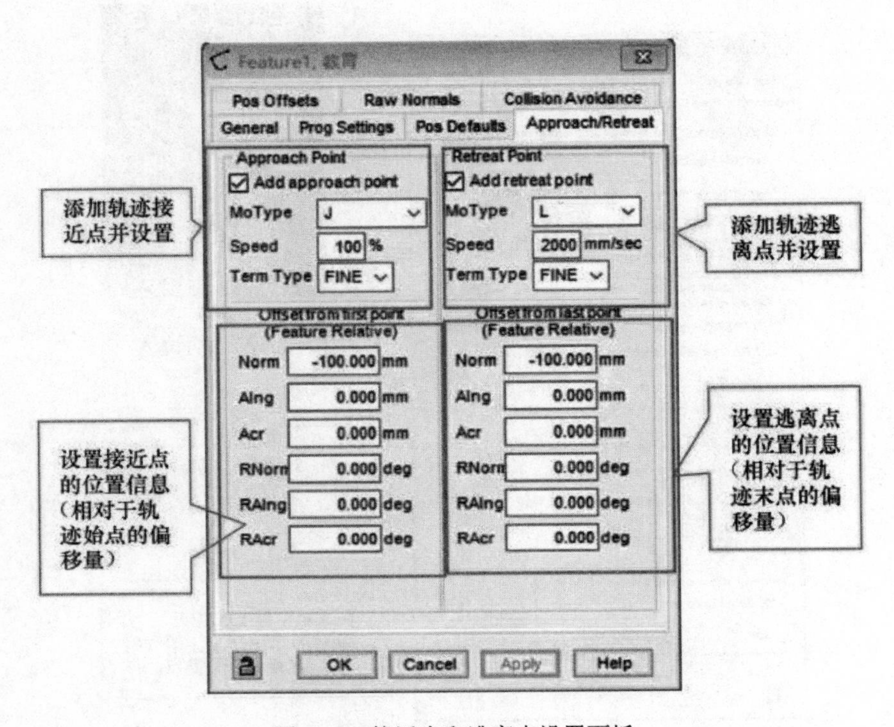

图 5-13　接近点和逃离点设置面板

勾选“Add approach point”和“Add retreat point”选项，设置动作指令的动作类型全部为直线，速度设置为“200”，定位类型不变，设置点的位置为“－100”。单击“应用”后，轨迹旁会出现接近点和逃离点，由于这条轨迹的首尾相接，所以这两点位置重合，如图 5-14 所示。

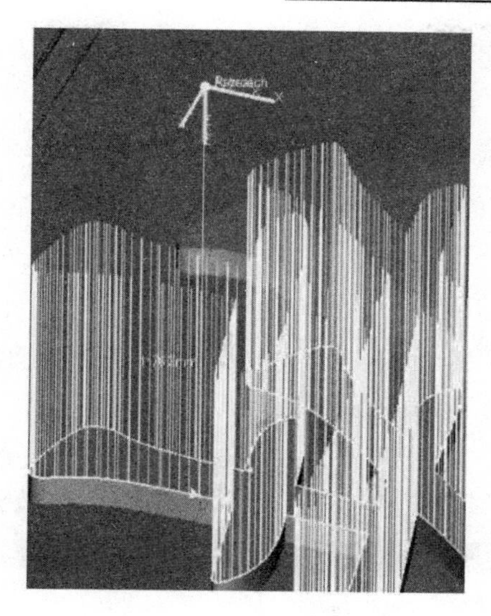

图 5-14 接近点和逃离点

（5）返回“General”选项卡，单击“General Feature TP Program”生成机器人程序，如图 5-15 所示。

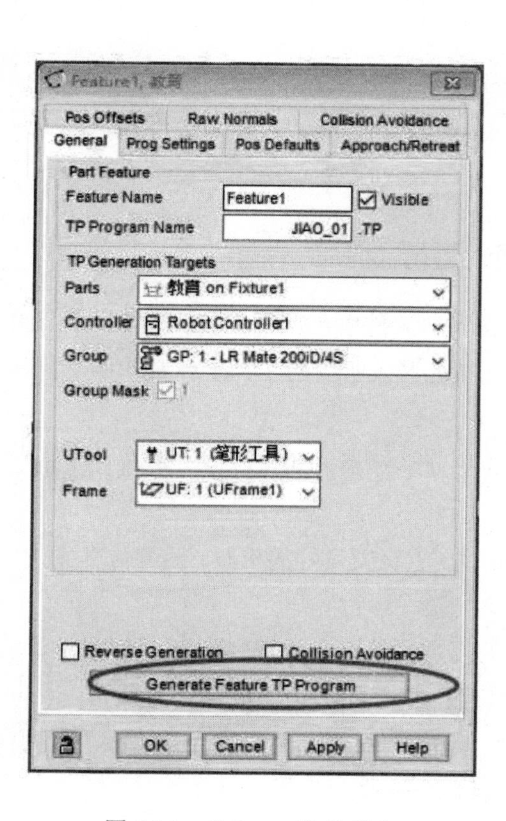

图 5-15 “General”选项卡

（6）单击工具栏中的“CYCLE START”按钮或者用虚拟 TP 试运行“JIAO_01”程序。

（7）按照以上步骤生成“教”字右边部分的程序和“育”字的程序，分别是“JIAO_02”“YU_01”“YU_02”“YU_03”。

五、创建主程序

在虚拟的 TP 中创建一个主程序“PNS0001”，用程序调用指令将这几个子程序整合，形成一个完成的程序，如图 5-16 所示。

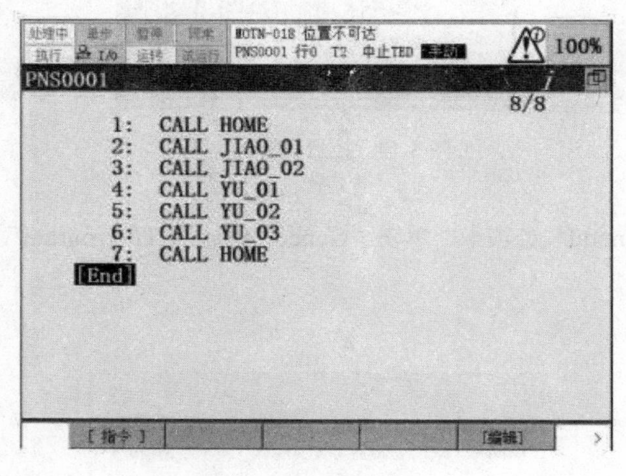

图 5-16　主程序

六、真实工作站的调试运行

（1）将主程序与子程序从软件中导出并上传到真实机器人中。

（2）仿真机器人和真实机器人所用的工具坐标系和用户坐标系要一致，坐标系号都是 1。

（3）将真实机器人的工具坐标系 1 的坐标原点设置在笔形工具的笔尖，坐标系方向不变。

（4）准备一块面积较大、平整度良好的板材，参考仿真文件中画板的位置进行放置，不必考虑平面是否水平。

（5）将真实机器人的用户坐标系 1 设置在板材上，坐标系方向基本不变，原点位置在板材的左上部分，坐标系 *XY* 平面必须与板材平面重合

（6）运行 PNS0001 主程序，如图 5-17 所示，机器人正在进行书写，汉字的尺寸和样式与软件中的模型轮廓完全一致。

图 5-17　正在写字的机器人

任务评价

表 5-1　任务评价表

评价方面	具体内容	自评	互评	师评
基本素养（30 分）	无迟到、早退、旷课现象（10 分）			
	操作安全规范（10 分）			
	具有较高的参与度和良好的团队协作能力、沟通交流能力（10 分）			
理论知识（20 分）	掌握汉字书写的轨迹编程及现场运行（20 分）			
技能操作（50 分）	能够进行汉字书写的轨迹编程及现场运行（50 分）			
综合评价				

任务二　球面工件打磨的轨迹编程

任务描述

本任务将进行球面工件打磨的轨迹编程。

任务实施

一、准备工作——构建工作站

（1）创建机器人工程文件，选取的机器人型号为 FANUC LR Mate 200*i*D/4S。

（2）将工作站基座以 Fixture 的形式导入，并调整好位置。

（3）导入打磨工具作为机器人的末端执行器，并将工具打磨位置设置为工具坐标系的原点。

（4）将球形工件模型以 Part 的形式导入，关联到 Fixture 模型上，并调整好大小和位置。

二、轨迹的创建

（1）打开“CAD-To-Path”窗口，选择“Projections”工程模块，如图 5-18 所示。

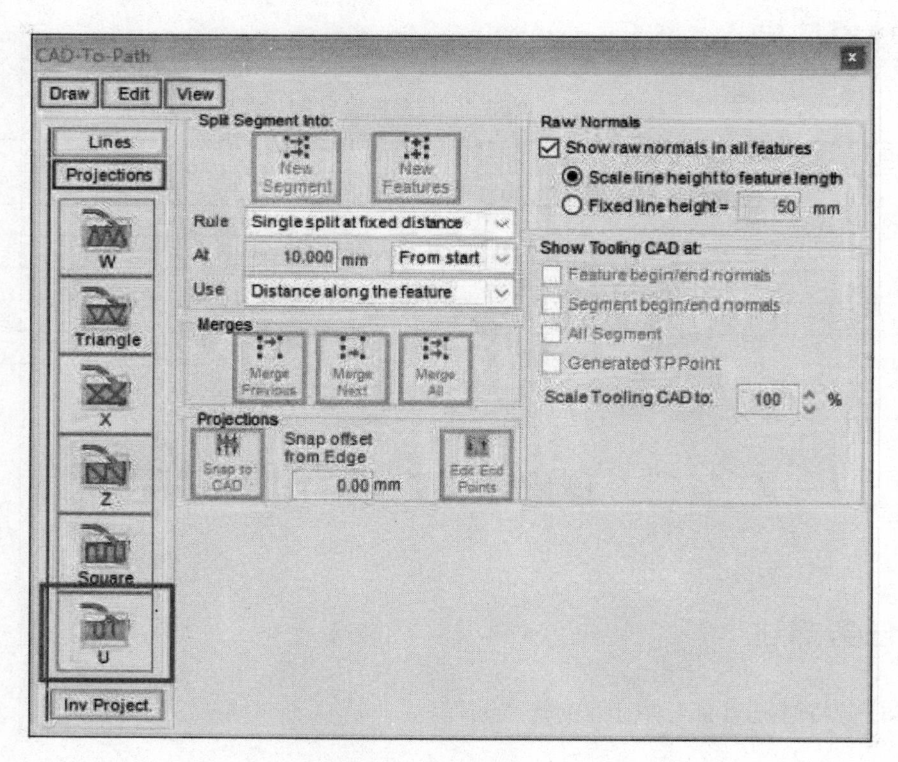

图 5-18　工程轨迹窗口

（2）选择 U 形轨迹，将光标移动到工件模型上，单击，出现一个白色的立方体边框，如图 5-19 所示。

图 5-19　出现白色立方体边框

（3）移动鼠标，任意给定一个长度和宽度，双击，边框变为高亮的黄色，并弹出设置窗口，如图 5-20 所示。

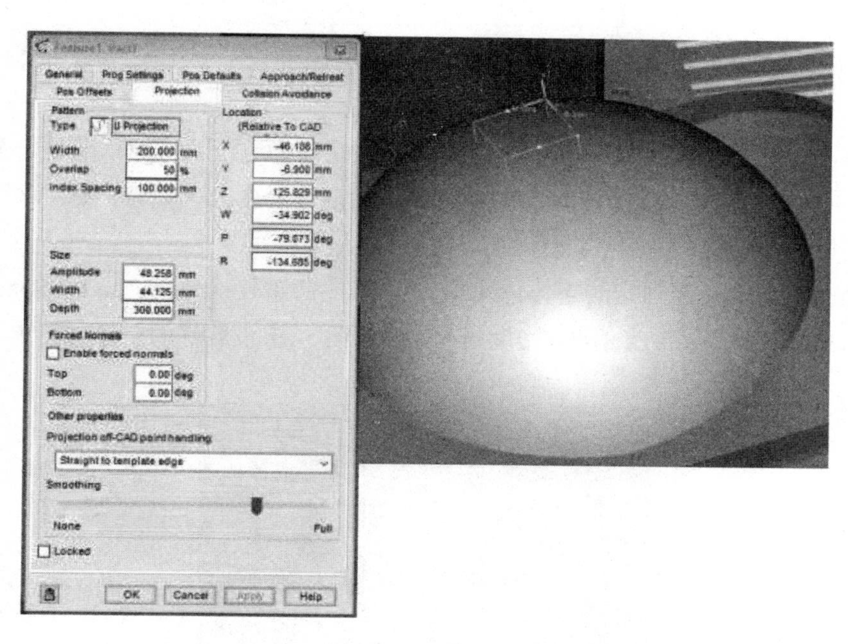

图 5-20　设置窗口

（4）打开“Projection”选项卡进行工程轨迹的设置，如图 5-21 所示。

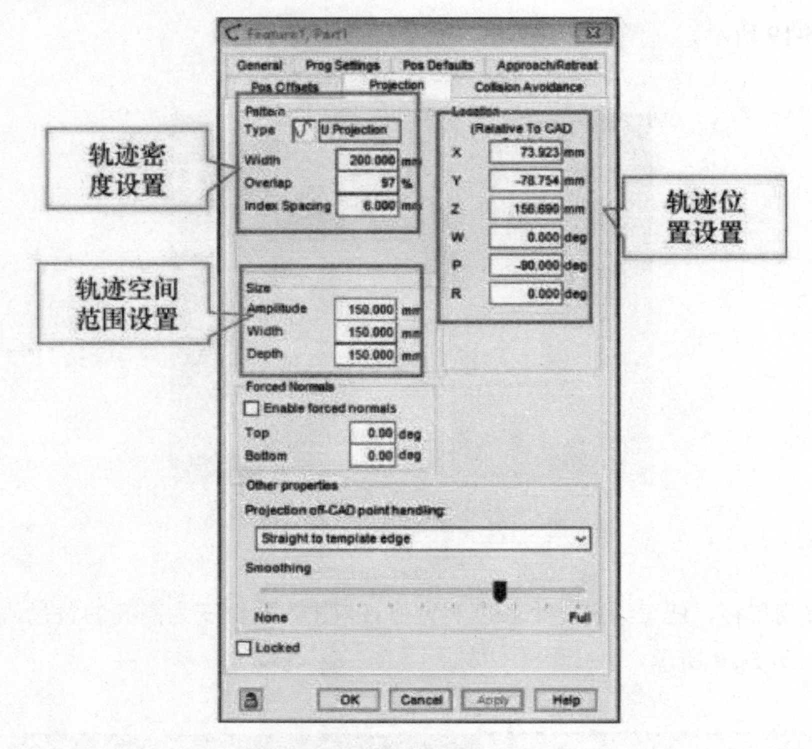

图 5-21　工程轨迹大框架设置窗口

首先，工程轨迹之所以可以贴合异形表面，就是因为整个轨迹的范围是一个立体空间，*X* 方向表示深度方向，*Y* 方向表示 U 形线的重复排列方向，*Z* 方向表示单个 U 形线的振动往返方向。

轨迹的密度就是在固定的 *Y* 方向范围内 U 形线的重复次数，“Index Spacing”表示相邻两条线的间距，数值越小，密度越高。按照图 5-21 设置好的轨迹如图 5-22 所示。

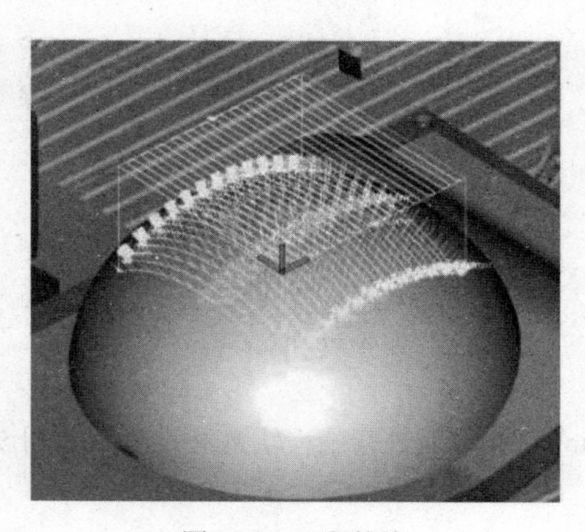

图 5-22　工程轨迹

三、程序的转化

（1）程序的设置和本项目任务一中的过程是基本相同的，已经描述的过程这里不再重复。首先切换到“Prog Settings”选项卡，如图 5-23 所示。

图 5-23　程序调用的设置

“HOME”程序为机器人回到安全位置的程序，“POLISHI_ START”和“POLISEI _END”是控制打磨工具动作的程序。按照图 5-23 的设置，直接用轨迹程序来调用其他的程序，这样一来就不需要另外创建主程序将轨迹程序和其他程序进行整合，能够精简程序的数量。

（2）切换到“Pos Defaults”选项卡下，如图 5-24 所示。

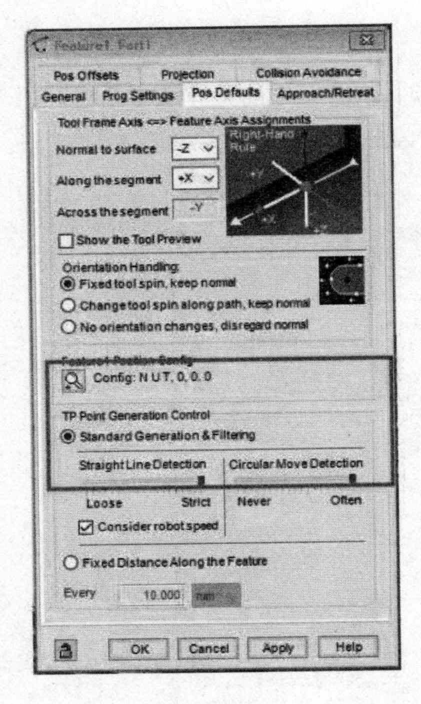

图 5-24　轨迹分段组成的设置

与汉字轨迹使用不同的是，这里采用直线检测和圆弧检测，而不是采用直线单位划分轨迹的方法。因为球面的轨迹是规则的圆弧，所以软件可以做到精确识别，同时又能减少关键点的数量，精简程序的大小。

（3）参考任务一的内容，设置程序的其他项目。所有设置完成后，单击“Apply”按钮生成程序。

四、程序的修改

如果试运行后发现程序要修改，打开“Cell Browser”窗口，在“Parts”下，找到对应的工件和对应的轨迹“Feature1”，双击打开设置窗口，如图 5-25 所示。修改完成后务必单击“Apply”按钮，再单击“Generate Feature TP Program”按钮重新生成程序。

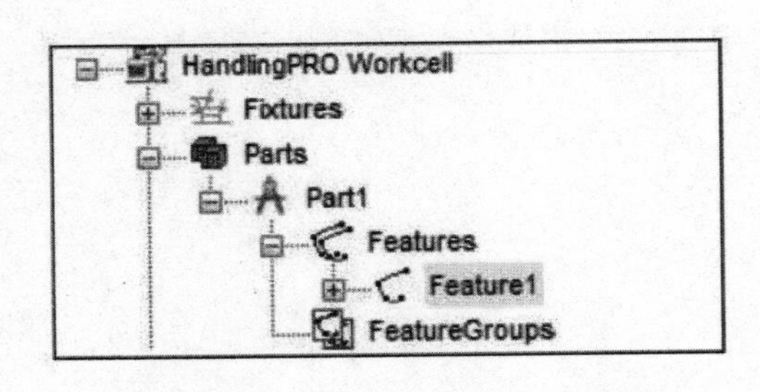

图 5-25　程序设置窗口的打开操作

表 5-2　任务评价表

评价方面	具体内容	自评	互评	师评
基本素养（30 分）	无迟到、早退、旷课现象（10 分）			
	操作安全规范（10 分）			
	具有较高的参与度和良好的团队协作能力、沟通交流能力（10 分）			
理论知识（20 分）	掌握球面工件打磨的轨迹编程（20 分）			
技能操作（50 分）	能够进行球面工件打磨的轨迹编程（50 分）			
综合评价				

思考与练习

1．“Feature CALL Programs”与“Default Segment CALL Programs”后面调用的程序有何不同?

2．规则轨迹的关键点控制为什么选择圆弧与直线检测?

3．在轨迹走线比较复杂时，为什么关键点控制设置为“Fixed Distance Along the Feature？”

4．逃离点和接近点属于 Segment，还是 Feature?

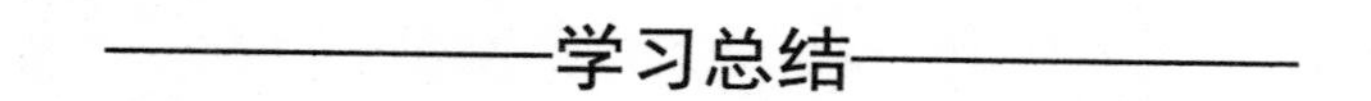

学习总结

项目学习了轨迹绘制与轨迹自动规划编程的相关知识。

建议学习总结应包含以下主要因素：

1．你在本项目中学到什么？

2．你在团队共同学习的过程中，曾扮演过什么角色，对组长分配的任务你完成得怎么样？

3．你对自己的学习结果满意吗？如果不满意，你还需要从哪几个方面努力？对接下来的学习有何打算？

4．学习过程中经验的记录与交流（组内）。

5．你觉得这个课程哪里最有趣？哪里最无聊？

项目六　机器人 Smart 组件仿真应用

任务一　用 Smart 组件创建动态传送带 SC_infeeder

任务描述

本任务使用 Smart 组件创建动态传送带 SC_infeeder，实现传送带的动画效果。在实施任务过程中，主要完成以下几项工作：应用 Smart 组件设定传送带产品源、应用 Smart 组件设定传送带运动属性、应用 Smart 组件设定传送带限位传感器、创建 Smart 组件的属性与连结、创建 Smart 组件的信号与连接，最终实现 Smart 组件的模拟动态运行。

工业机器人传感器的应用

任务实施

将 XM8_SC_ palletizing. ispa 文件解压，解压完成后工作站如图 6-1 所示。

制作的 Smart 组件传送带动态效果包含传送链前端自动生成产品、产品随着传送带向前运动、产品到达传送带末端后停止运动、产品被移走后传送带前段再次生成产品并依次循环。

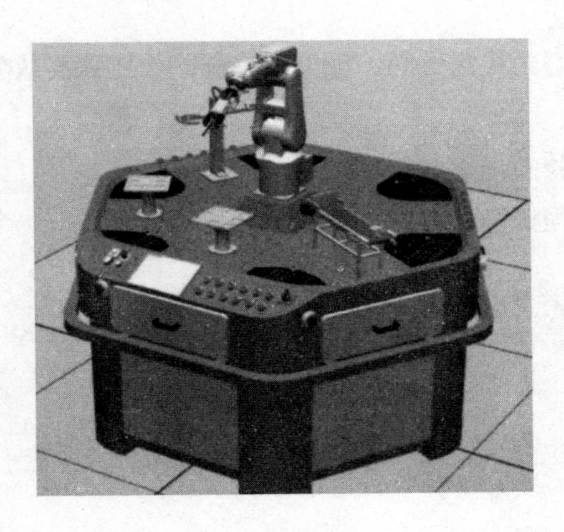

图 6-1　工作站

在“建模”功能选项卡中单击“Smart 组件”，新建一个 Smart 组件，右击该组件，将其重命名为“SC_infeeder”，如图 6-2 所示。

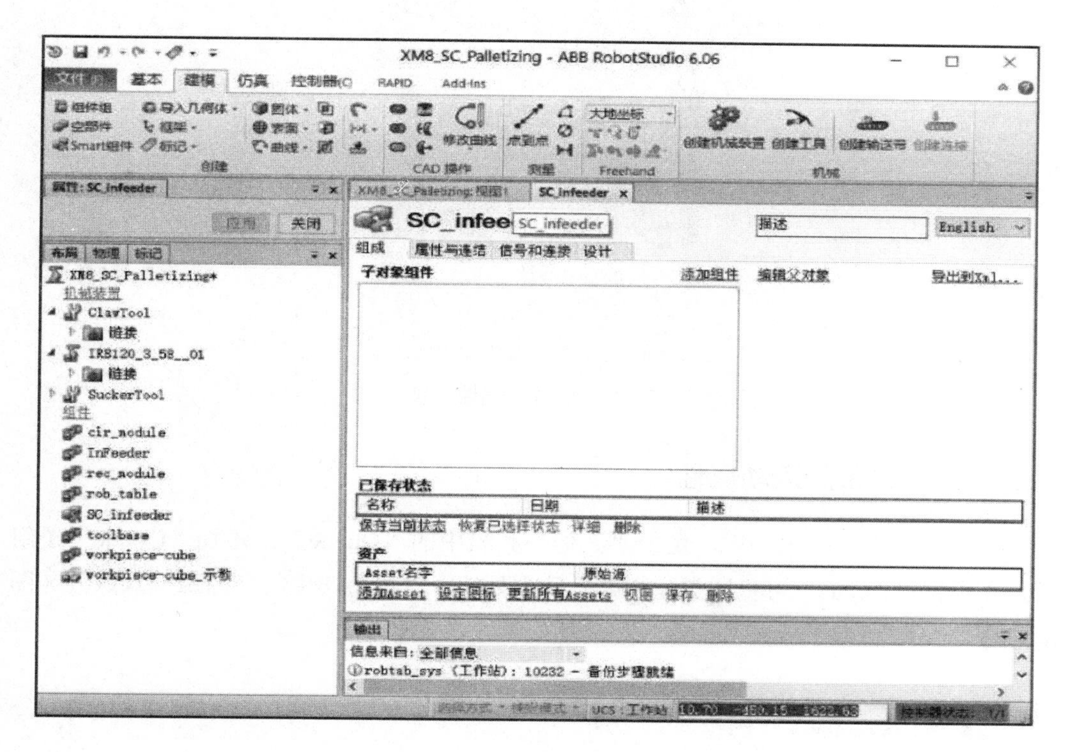

图 6-2 新建 SC_infeeder 组件

一、设定传送带的产品源

（1）单击“添加组件”，选择“动作”列表中的“Source”。添加“Source”子组件，“Source”子组件用于设定产生复制的产品源，每触发一次，都会自动生成一个产品源的复制品，同时指定复制品的位置。

（2）设置“Source”属性，如图 6-3 所示，将 Source 选为“workpiece-cube”，Position 设为图中位置，完成后单击“应用”。

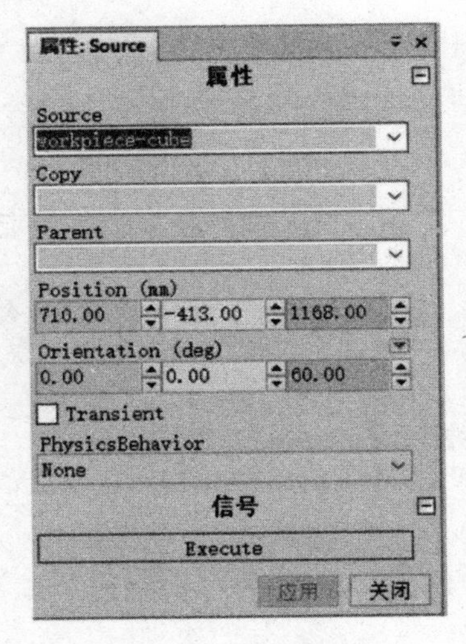

图 6-3　Source 属性设置

二、设定传送带的运动属性

（1）单击“添加组件”，选择“其他”列表中的“Queue”。添加“Queue”子组件，子组件“Queue”可将同类型物体做队列处理，这里将产生的产品源放入队列（图 6-4）。

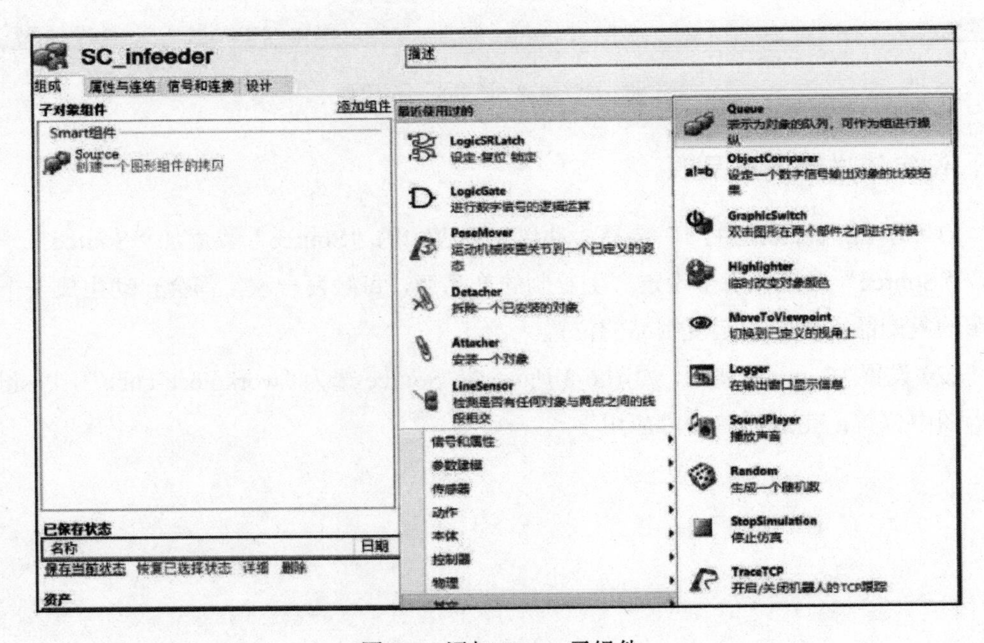

图 6-4　添加 Queue 子组件

（2）此处，Queue 暂时不需要设置其属性，如图 6-5 所示。

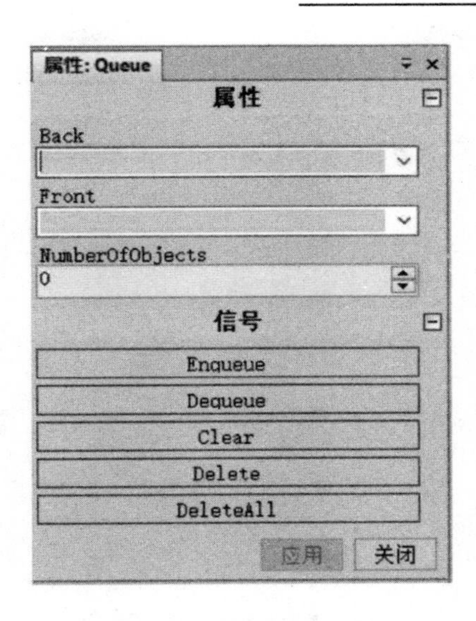

图 6-5　Queue 属性设置

（3）单击“添加组件”，选择“本体”列表中的“LinearMover”。子组件“Lincar Mover”用于设定运动属性，其属性包含指定运动物体、运动方向、运动速度、参考坐标系等。

（4）将之前设定的 SC_infeeder/Queue 设定运动物体，运动方向为传送带方向，为大地坐标的 X 轴方向−1732.00mm，Y 轴方向 1000mm，速度为 60mm/s，将 Execute 设置为 1，则该运动处于一直执行的状态，如图 6-6 所示。

图 6-6　LinearMover 属性设置

三、设定传送带限位传感器

（1）单击“添加组件”，选择“传感器”列表中的“PlaneSensor”（图 6-7）。PlaneSensor 为平面传感器，当有物体与该平面相接触时，可检测到并会自动输出一个信号，用于逻辑控制。

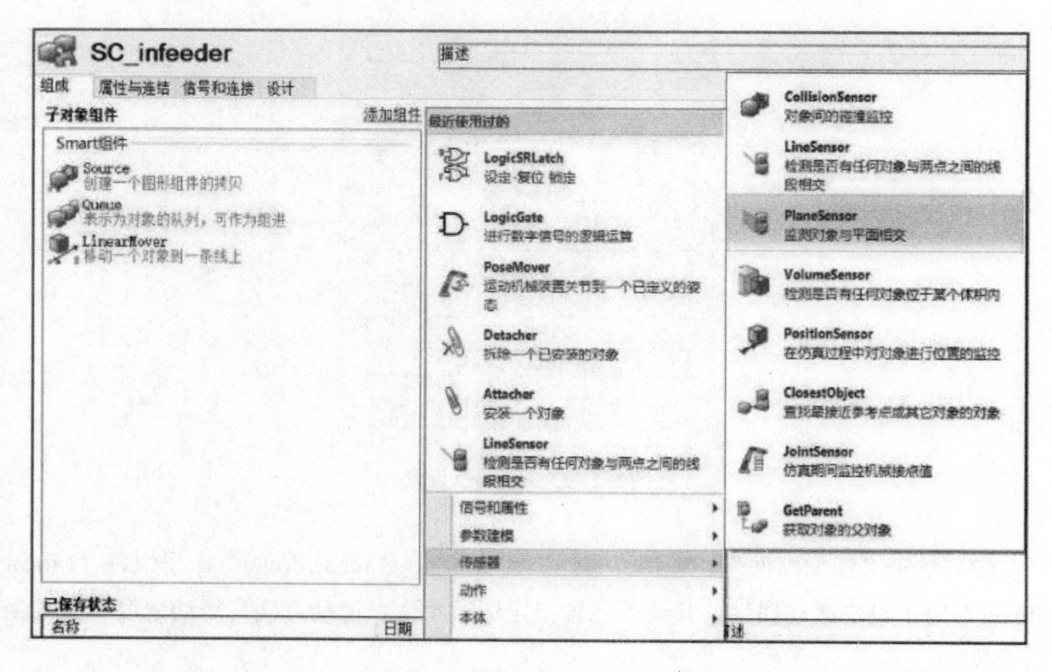

图 6-7 添加 PlaneSensor 子组件

（2）设置属性。在传送带末端的挡板处设置传感器，设定方法为捕捉图 6-8 中一个点作为面的原点 *A*，*A* 点数值为（317.62，－258.59，1149.18）。

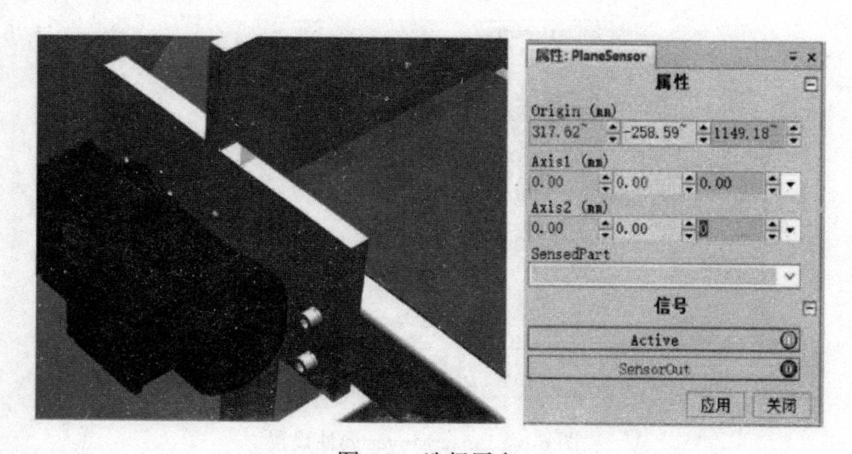

图 6-8 选择原点

然后设定基于原点 *A* 略向工件传送过来的方向移动并可将坐标取整，设为（325，－263，1149）。两个延伸轴的方向及长度构成一个平面，根据传送带宽度和方向设置两个轴的数值。最终设置如图 6-9 所示。在此工作站中，也可以直接将图 6-9 属性框中的数值输入对应的数值框中，创建图中平面传感器。

图 6-9　PlaneSensor 属性设置

设置完成的平面传感器如图 6-10 所示。

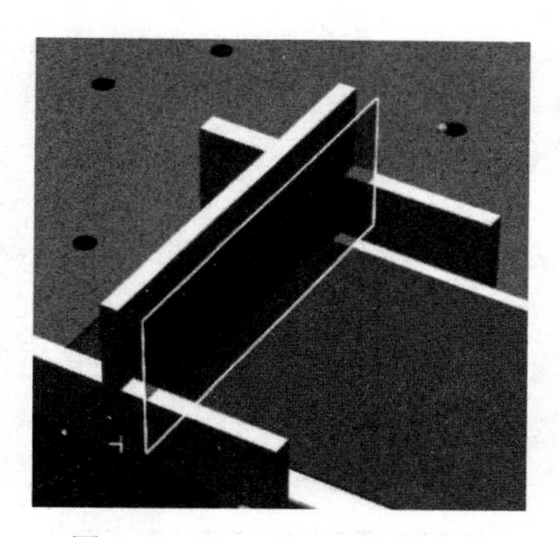

图 6-10　PlaneSensor 设置完成

（3）传感器接触的周边物体设为不可由传感器检测。拟传感器一次只能检测一个物体，所以这里需要保证所创建的传感器不能与周边设备接触，否则无法检测运动到传送带末端的产品。将可能与该传感器接触的周边设备设为不可由传感器检测。

在“布局”窗口中的“InFeeder”上右击，选中“修改”，取消选中“可由传感器检测”，如图 6-11 所示。

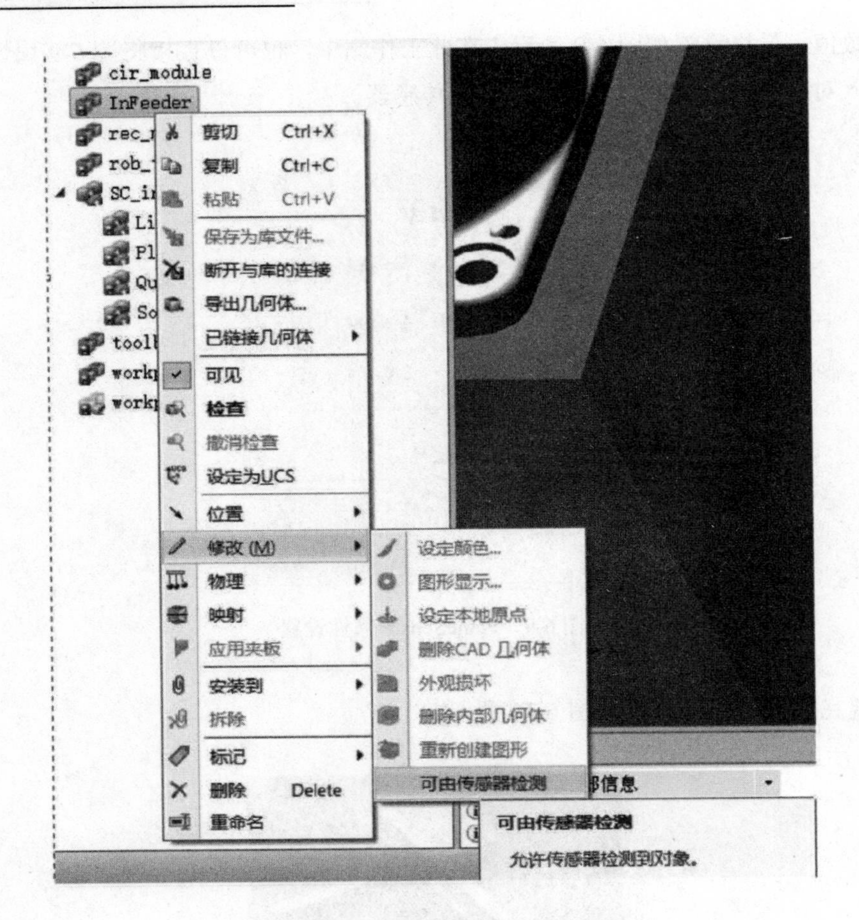

图 6-11　InFeeder 设为不可由传感器检测

（4）为了方便处理传送带，将 InFeeder 也放到 Smart 组件中，单击 InFeeder，将其拖放到 SC_ inFeeder 处，松开，如图 6-12 所示。

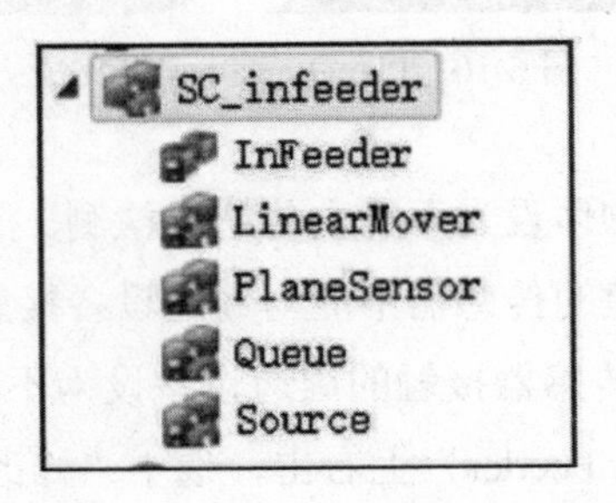

图 6-12　将 InFeeder 也放到 Smart 组件

四、设定信号转换

在 Smart 组件应用中只有信号发生 0 到 1 的变化时，才可以触发事件。假如有一个信号 A，我们希望当信号 A 由 0 变 1 时触发事件 B1，信号 A 由 1 变 0 时触发事件 B2；前者可以直接连接进行触发，但是后者需要引入一个非门与信号 A 相连接，这样当信号 A 由 1 变 0 时，经过非门运算之后则转换成由 0 变 1，然后与事件 B2 连接，实现的最终效果就是当信号 A 由 1 变 0 时触发了事件 B2。

这里设定的信号转变用于平面传感器，传感器检测到有工件时，传感器信号为 1，工件被机器人搬运走，信号为 0，要利用这个信号变化触发产生复制品，再次循环，所以需要设置一个非门信号转换，将这个信号变化转换为 0 到 1。

（1）单击“添加组件”，选择“信号和属性”列表中的“LogicGate”。

（2）设置“LogicGate”的“Operator”栏为“NOT”，设置完成后单击“应用”，如图 6-13 所示。

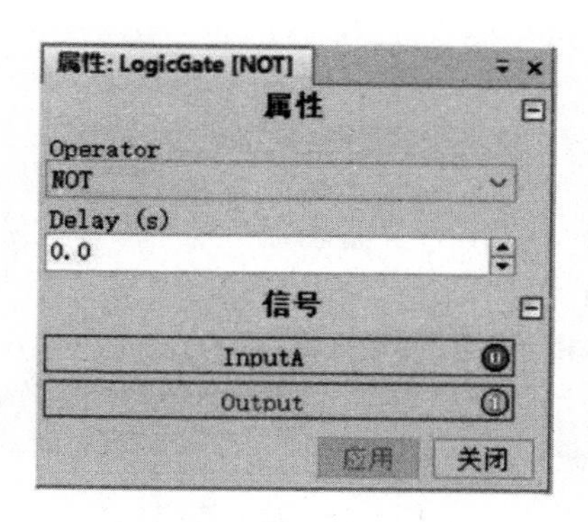

图 6-13 LogicGate 属性设置

五、创建属性与连结

属性连结指的是各 Smart 子组件的某项属性之间的连接，例如组件 A 中的某项属性 A1 与组件 B 中的某项属性 B1 建立属性连结，则当 A1 发生变化时，B1 也会随着一起变化。属性连结是在 Smart 窗口中的“属性与连结”选项卡中进行设定的。

这里要设置的是 Source 的 Copy 产生的复制品，加入 Queue 的 Back 队列中，这样产生的复制品就能随着队列进行直线移动。

（1）进入“属性与连结”选项卡，如图 6-14 所示，单击“添加连结”。

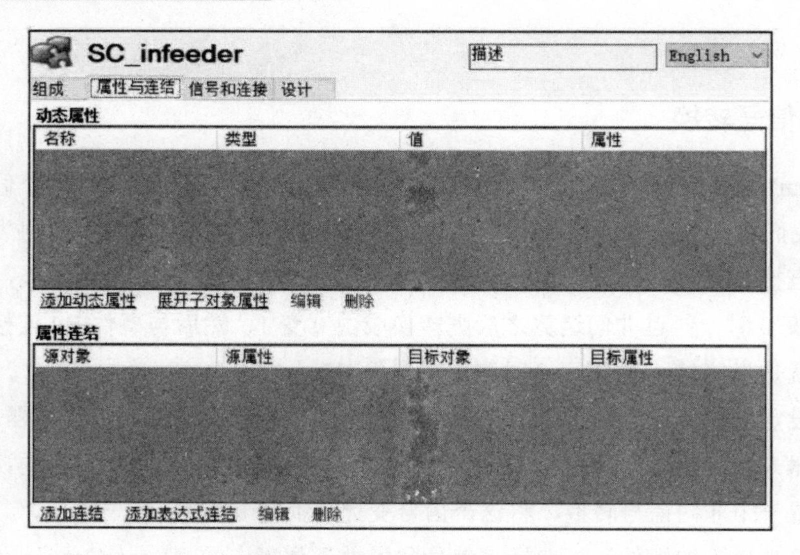

图 6-14　“属性与连结”选项卡

（2）设置如图 6-15 所示的连结。

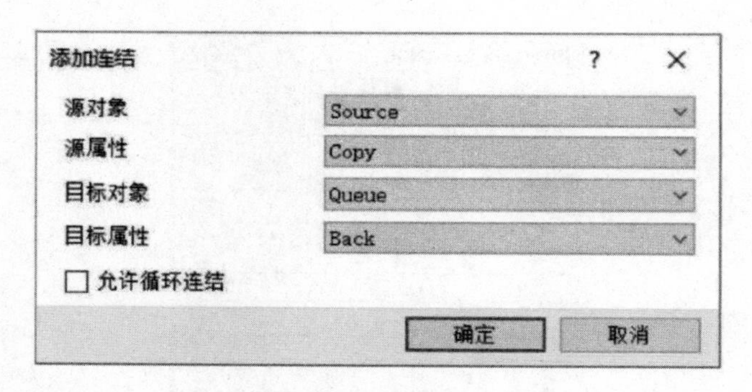

图 6-15　添加连结

六、创建信号与连接

I/O 信号指的是在本工作站中自行创建的数字信号，用于与各个 Smart 子组件进行信号交互。

I/O 连接指的是设定创建的 I/O 信号与 Smart 子组件信号的连接关系，以及各 Smart 子组件之间的信号连接关系。

信号与连接是在图 6-16 所示的 Smart 组件窗口“信号与连接”选项卡中进行设置的。

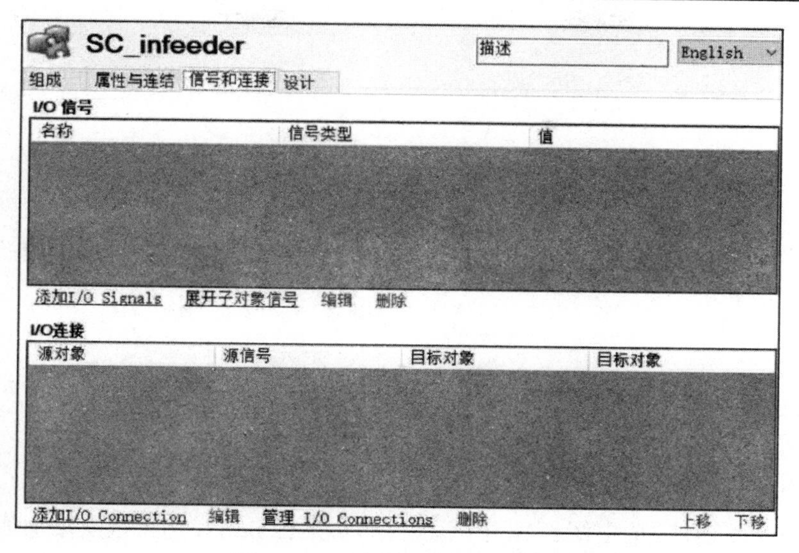

图 6-16　“信号和连接”选项卡

（1）单击“添加 I/O Signals”，添加一个数字信号 diStart，用于启动 Smart 传送带，如图 6-17 所示。

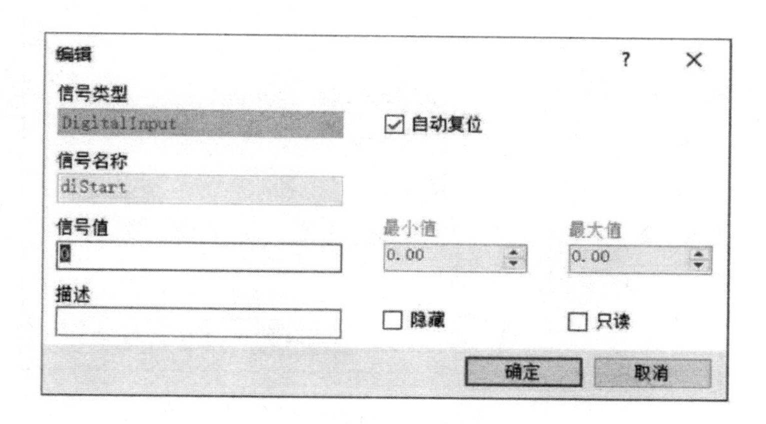

图 6-17　diStart 信号

（2）再添加一个输出信号 doworkpieceInPos，用作工件到位输出信号，如图 6-18 所示。

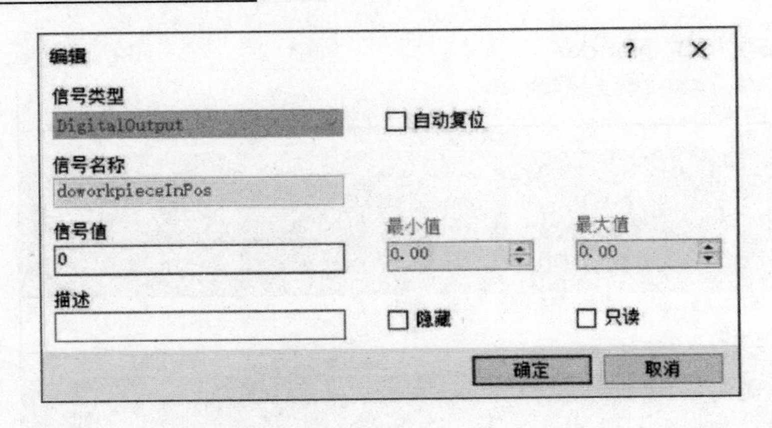

图 6-18　doworkpieceInPos 信号

（3）建立 I/O 连接。单击图 6-16 中“添加 I/O Connection”，然后依次添加如图 6-19～图 6-24 所示的 I/O 连接（I/O Connection）。

创建的 diStart 去触发 Source 组件执行动作，则产品源会自动产生一个复制品，如图 6-19 所示。

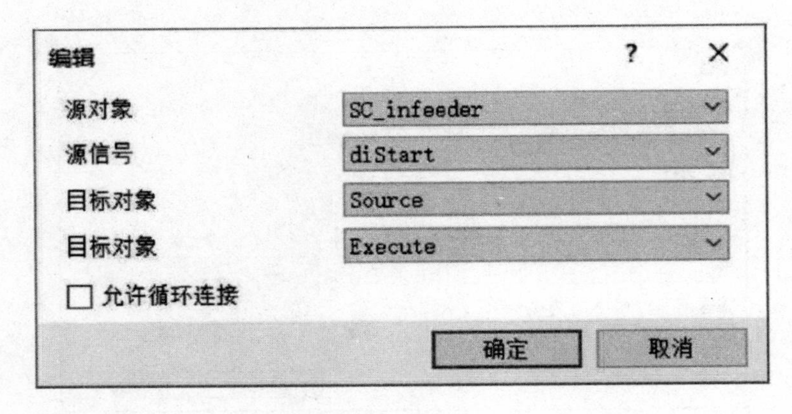

图 6-19　I/O 连接 1

产品源产生的复制品完成信号触发 Queue 的加入队列动作，则产生的复制品自动加入队列 Queue，如图 6-20 所示。

编辑
?
源对象
Source
源信号
Executed
目标对象
Queue
目标对象
Enqueue
允许循环连接
确定
取消

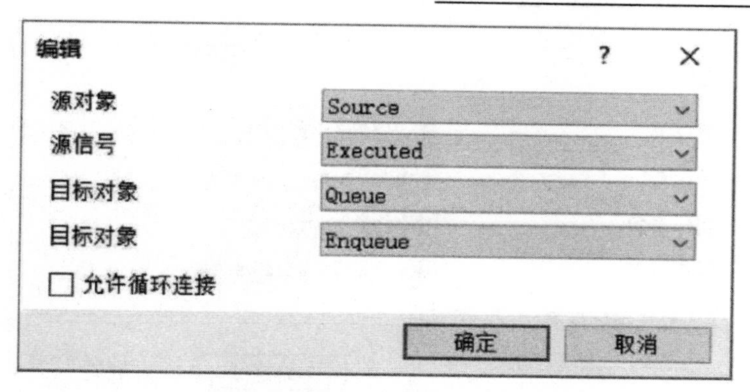

图 6-20　I/O 连接 2

当复制品与传送带末端的传感器发生接触后，传感器将其本身的输入输出信号 SensorOut 设置为 1，利用此信号触发 Queue 的退出队列动作，则队列里面的复制品自动退出队列，如图 6-21 所示。

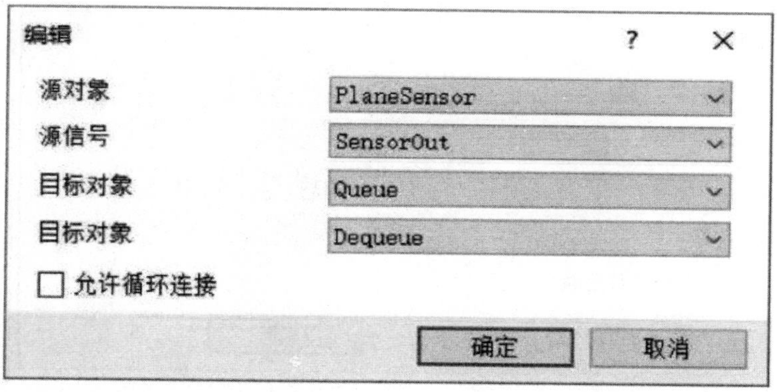

编辑
?
源对象
PlaneSensor
源信号
SensorOut
目标对象
Queue
目标对象
Dequeue
允许循环连接
确定
取消

图 6-21　I/O 连接 3

当产品运动到传送带末端与限位传感器发生接触时，将 doworkpieceInPos 设置为 1，表示产品已到位，如图 6-22 所示。

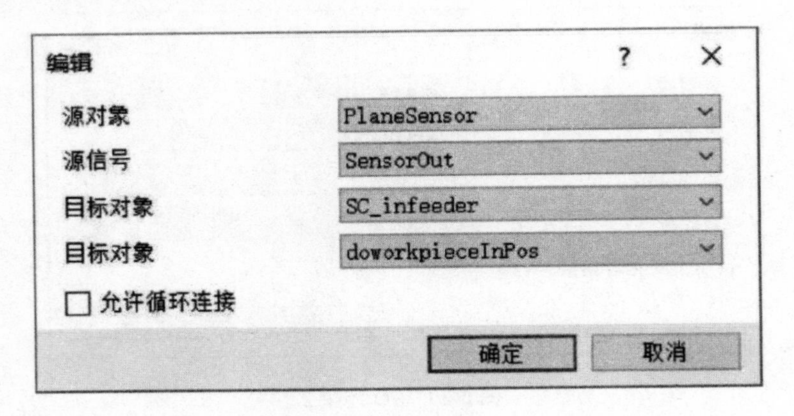

图 6-22　I/O 连接 4

将传感器的输出信号与非门进行连接，则非门的信号输出变化和传感器输出信号变化正好相反，如图 6-23 所示。

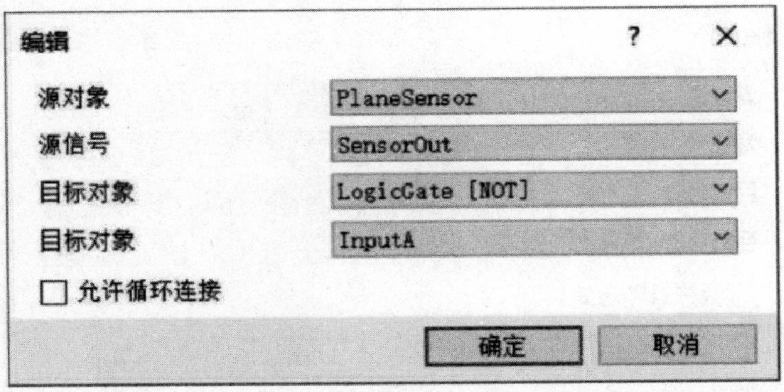

编辑

源对象　PlaneSensor

源信号　SensorOut

目标对象　LogicGate [NOT]

目标对象　InputA

☐ 允许循环连接

确定　取消

图 6-23　I/O 连接 5

非门的输出信号去触发 Source 的执行，则实现的效果为当传感器的输出信号由 1 变为 0 时，触发产品源 Source 产生一个复制品，如图 6-24 所示。

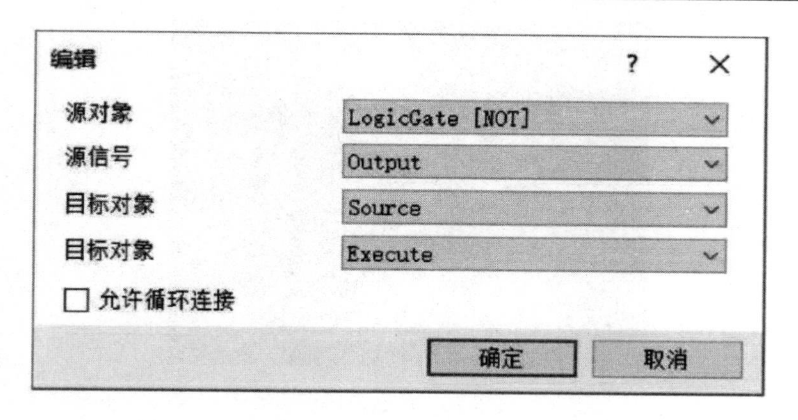

图 6-24　I/O 连接 6

七、仿真运行

至此就完成了 Smart 传送带的设置，接下来验证设定的动画效果。

（1）在“仿真”菜单中单击“I/O 仿真器”，打开 I/O 仿真器，系统选择“SC_ infeeder”，如图 6-25 所示。

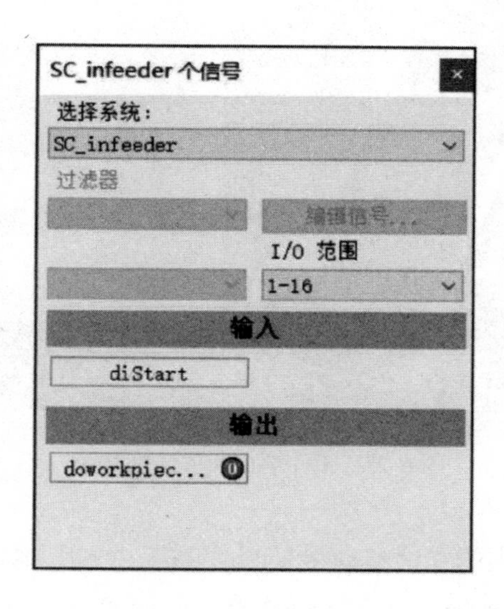

图 6-25　SC_infeeder 信号仿真器

（2）单击“仿真”菜单中的“播放”按钮进行播放。

（3）在 SC_infeeder 信号仿真器中单击“diStart”，传送带开始运行，复制品沿着传送带向前直线移动，如图 6-26 所示。

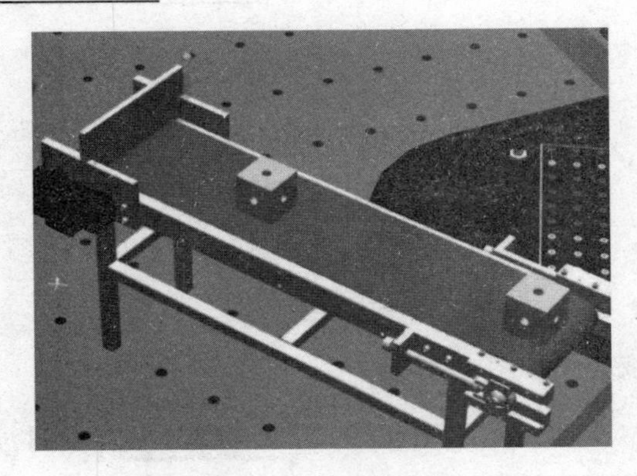

图 6-26　传送带运行

（4）复制品运动到传送带末端，与限位传感器接触后停止运动，此时输出信号如图 6-27 所示。

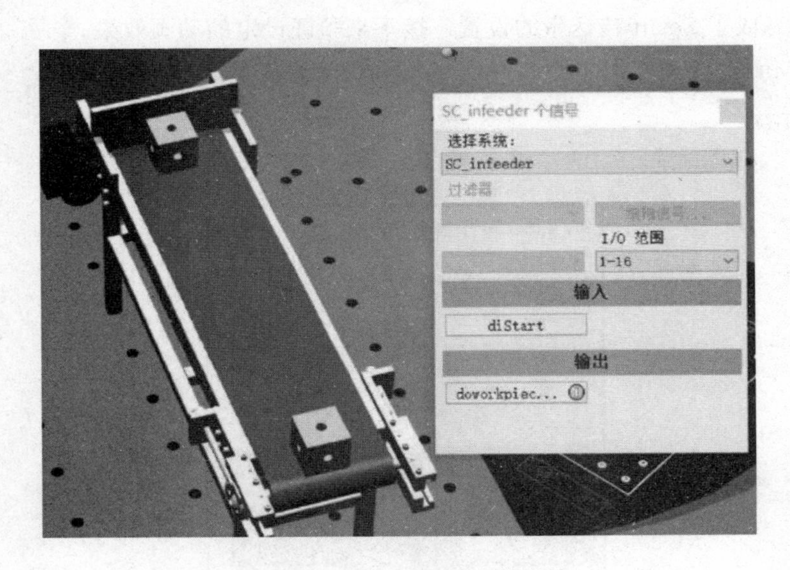

图 6-27　工件运行到传送带末端

（5）利用 FreeHand 中的线性移动将复制品移开，使其与面传感器不接触，则传送带前端会再次产生一个复制品，进入下一个循环，如图 6-28 所示。

图 6-28　进入下一循环

（6）完成动画效果验证后，删除生成的复制品。

（7）在 Source 属性中“Transient”前面打勾，设置为产生临时的复制品，当仿真停止后，所有的复制品会自动消失。

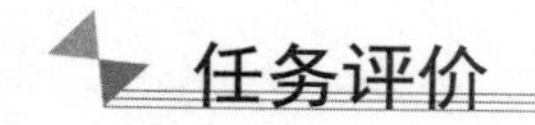

任务评价

表 6-1　任务评价表

评价方面	具体内容	自评	互评	师评
基本素养（30 分）	无迟到、早退、旷课现象（10 分）			
	操作安全规范（10 分）			
	具有较高的参与度和良好的团队协作能力、沟通交流能力（10 分）			
理论知识（20 分）	掌握应用 Smart 组件设定传送带产品源、应用 Smart 组件设定传送带运动属性、应用 Smart 组件设定传送带限位传感器、创建 Smart 组件的属性与连结、创建 Smart 组件的信号与连接，最终实现 Smart 组件的模拟动态运行的方法（20 分）			
技能操作（50 分）	能够应用 Smart 组件设定传送带产品源、应用 Smart 组件设定传送带运动属性、应用 Smart 组件设定传送带限位传感器、创建 Smart 组件的属性与连结、创建 Smart 组件的信号与连接，最终实现 Smart 组件的模拟动态运行（50 分）			
综合评价				

任务二　用 Smart 组件创建动态夹爪 SC_Claw

任务描述

本任务使用 Smart 组件创建动态夹爪 SC_Claw，实现夹爪抓取、放置工件的动画效果。在实施任务过程中，主要完成以下几项工作：应用 Smart 组件设定夹爪属性、应用 Smart 组件设定传感器、应用 Smart 组件设定抓取放置动作、应用 Smart 组件设置、创建 Smart 的属性与连结、创建 Smart 组件的信号与连接、创建 Smart 组件（夹爪）的姿态，最终实现 Smart 组件的模拟动态运行。

任务实施

在 RobotStudio 中的仿真工作站中，夹爪的动态效果是最为重要的部分。夹爪的动态效果包含在传送链末端张开夹爪夹取工件、在放置位打开夹爪释放工件。

在“建模”功能选项卡中单击“Smart 组件”，新建一个 Smart 组件，右击该组件，将其重命名为“SC_Claw”。

一、设定夹具属性

将夹爪 ClawTool 从机器人末端拆卸，以便对独立的 ClawTool 进行处理。

（1）在“布局”窗口的“ClawtTool”上右击，单击弹出的“拆除”，如图 6-29 所示。如果跳出如图 6-30 所示“更新位置”对话框，选择“否”。

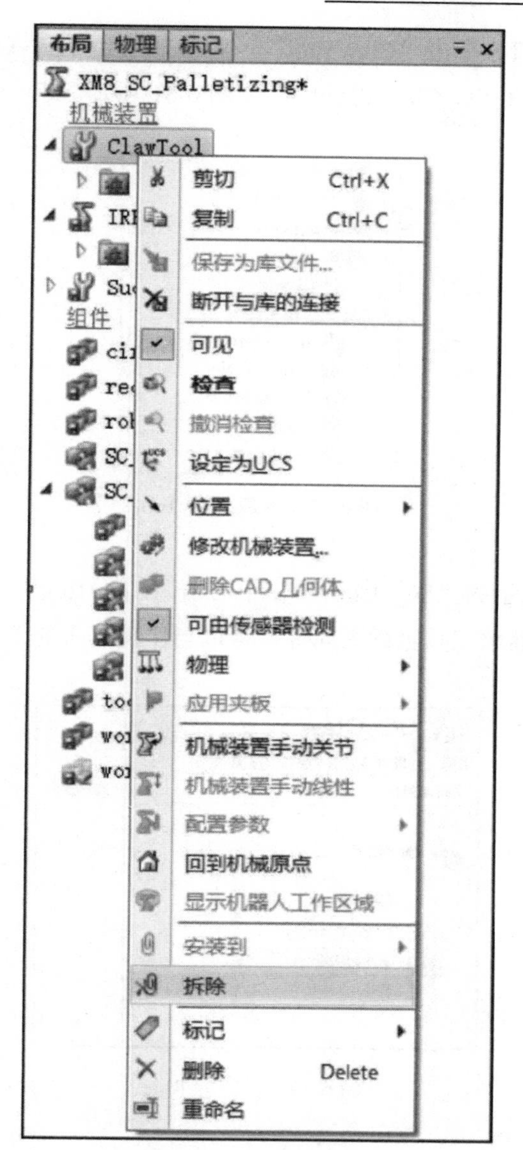

图 6-29　拆除工具

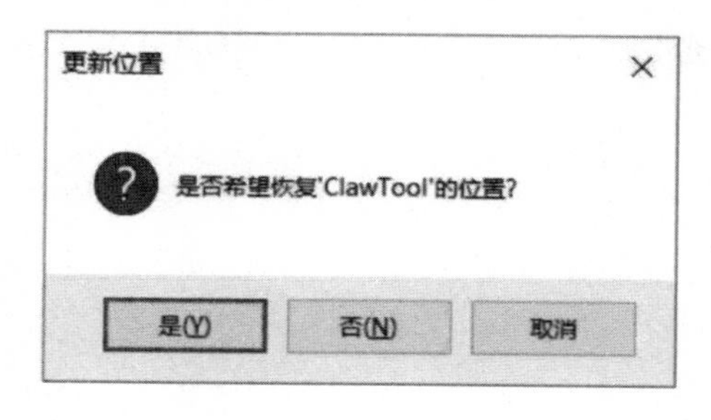

图 6-30　更新位置窗口

（2）在“布局窗口”单击“ClawTool”，将其拖放到“SC_Claw”组件上，松开，则将 ClawTool 添加到了 SC_Claw 组件中，如图 6-31 所示。

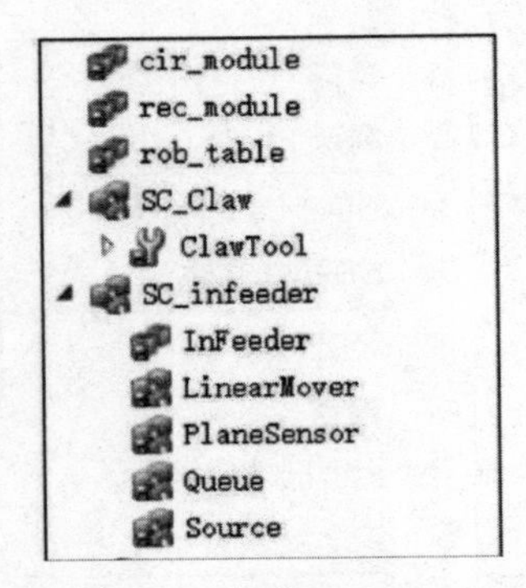

图 6-31　拖放 ClawTool

（3）在图 6-32 所示的“SC_ Claw”窗中右击“ClawTool”，将其添加“Role”属性，则“SC_Claw”继承工具坐标系属性，可以当作机器人的工具来进行使用。

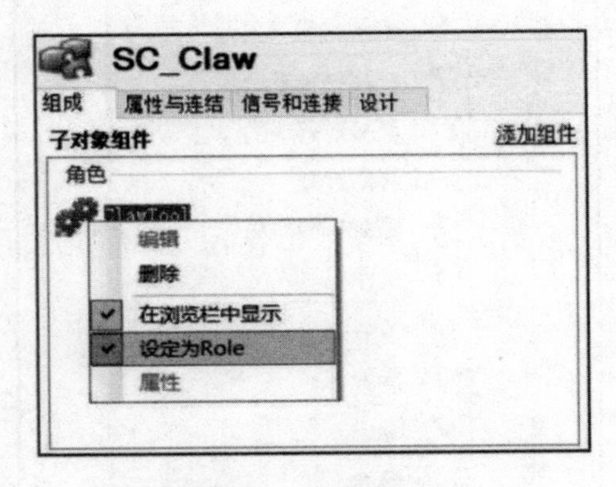

图 6-32　设定为 Role

（4）在“布局”窗口中单击“SC_ Claw 组件，将其拖放到“IRB 120”机器人上，这样组件“SC_CIaw”就作为工具安装到机器人末端。在弹出的图 6-33 所示的“更新位置”窗口中，选择“否”。

图 7-33　“更新位置”窗口

（5）单击图 6-34 中的“是”，替换原来的工具数据。

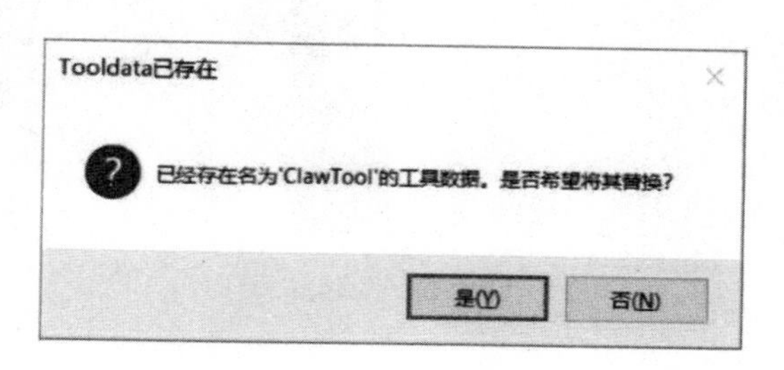

图 6-34　替换工具数据

二、设定 LineSensor

（1）为方便设置传感器，在“布局”窗口选中“IRB 120 机器人”并右击，选择“机械装置手动关节”，将机器人姿态按照图 6-35 进行调整，使夹爪处于竖直向下。

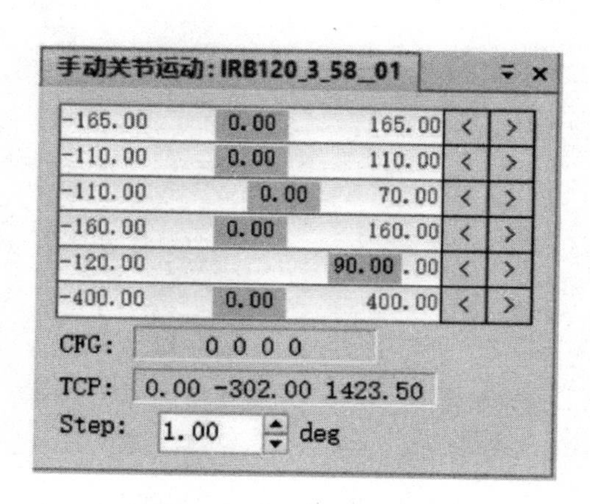

图 6-35　机器人关节姿态

（2）单击“添加组件”，选择“传感器”列表中的“LineSensor”。

（3）在“LincSensor 属性”的“Start”中设置起点。选取图 6-36 中右图夹爪的位置，获取该点坐标数值如左图所示。

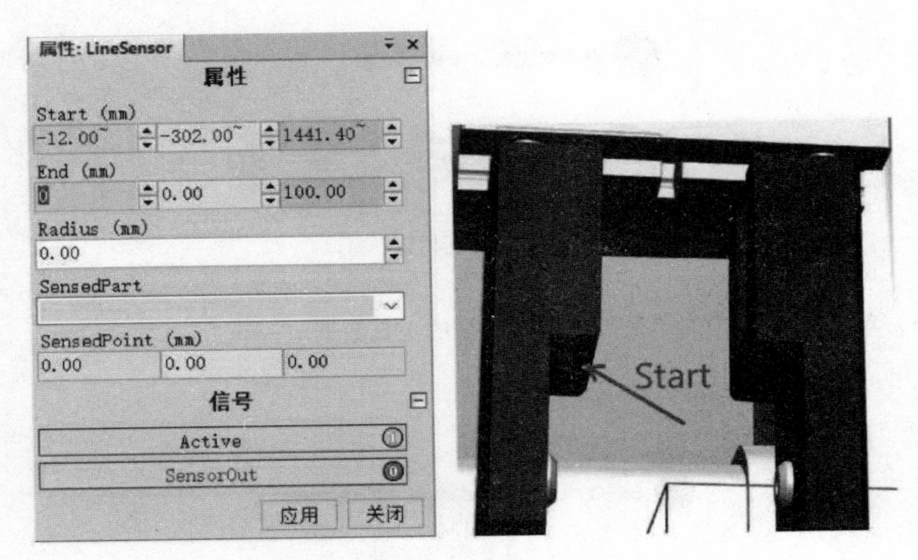

图 6-36　初选 Start 点

将“Start”X 调整为 0mm，让其处于夹爪中间，Y 设为−308mm，使其略向前偏（因工件中间有孔），Z 为 1441mm，“End”设为（0，−308，1401），“Radius”设为 3mm，这样线性传感器就设置完成了，如图 6-37 所示。

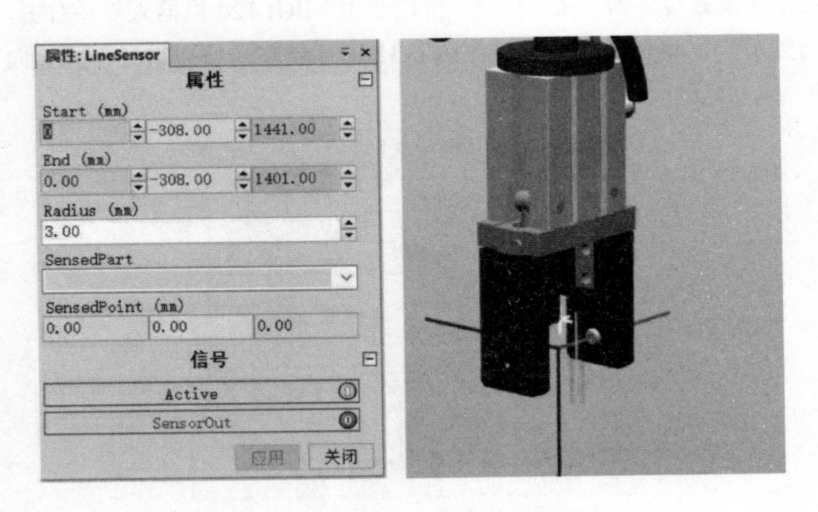

图 6-37　LineSensor 传感器属性设置

（4）设定完成后，生成线性传感器，将“ClawTool”设为不可由传感器检测，防止出现干扰。

三、设定拾取放置工作

（1）单击“添加组件”，选择“动作”列表中的“Attacher”。

（2）设定“Attacher”属性，“Parent”选择“SC_Claw”，“Child”不是特定对象，暂时不设，如图 6-38 所示。

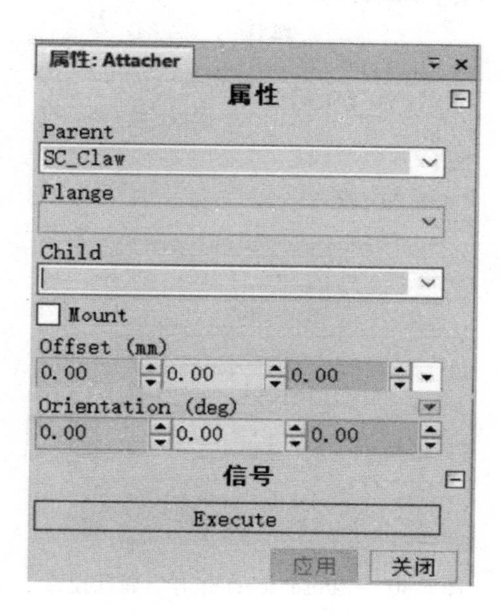

图 6-38　Attacher 属性设置

（3）单击“添加组件”，选择“动作”列表中的“Detacher”。

（4）设定“Detacher”属性，“Child”不是特定对象，暂时不设，勾选“KeepPosition”，即释放后子对象保持当前位置，如图 6-39 所示。

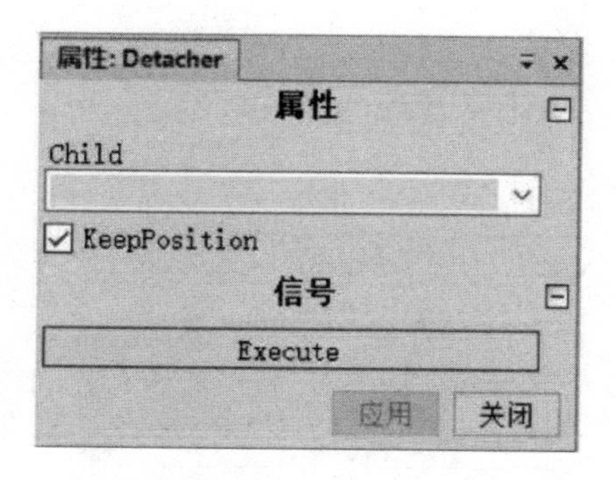

图 6-39　Detacher 属性设置

四、设定夹爪姿态

（1）单击“添加组件”，选择“本体”列表中的“PoseMover”。

（2）设置“PoseMover 张开”的属性，如图 6-40 所示。

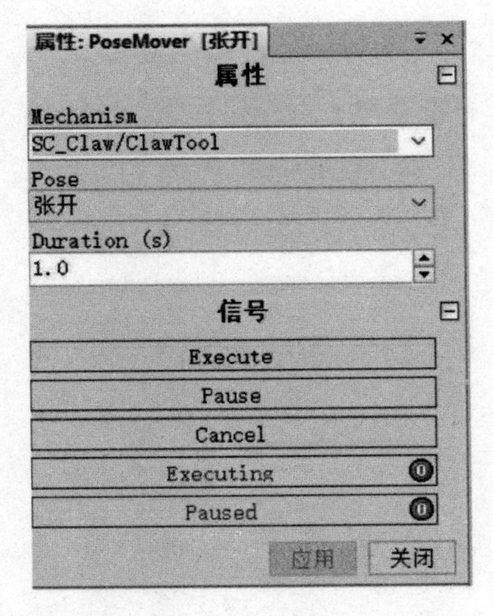

图 6-40 “PoseMover 张开”属性设置

（3）用同样的方法设置“PoseMover 夹紧”的属性，如图 6-41 所示。

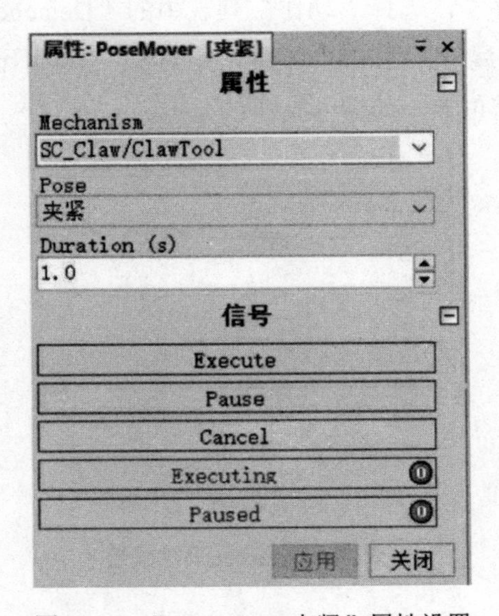

图 6-41 “PoseMover 夹紧”属性设置

五、设定信号转换

（1）添加非门，设置如图 6-42 所示。

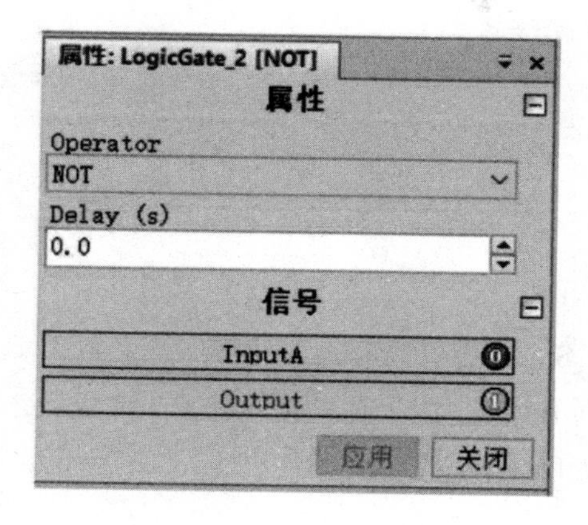

图 6-42　非门设置

（2）添加一个信号置位、复位的子组件 LogicSRLatch，无须设置属性。

六、创建属性与连接

（1）在“SC_ Claw”Smart 组件窗口中选择“属性与连结”选项卡。

（2）将传感器检测到的物体作为拾取的子对象，设置如图 6-43 所示。

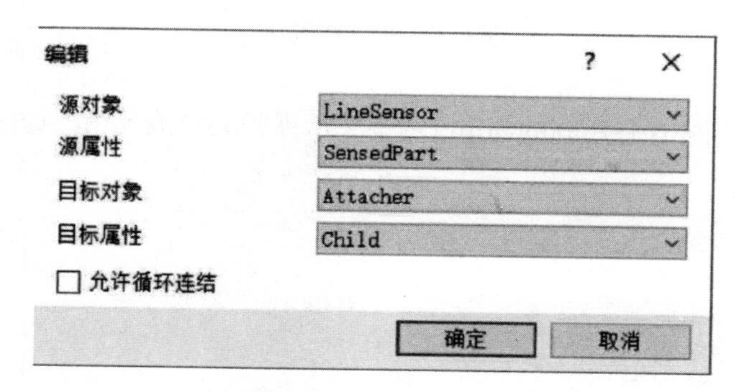

图 6-43　属性与连接 1

（3）将拾取子对象作为释放子对象，如图 6-44 所示。

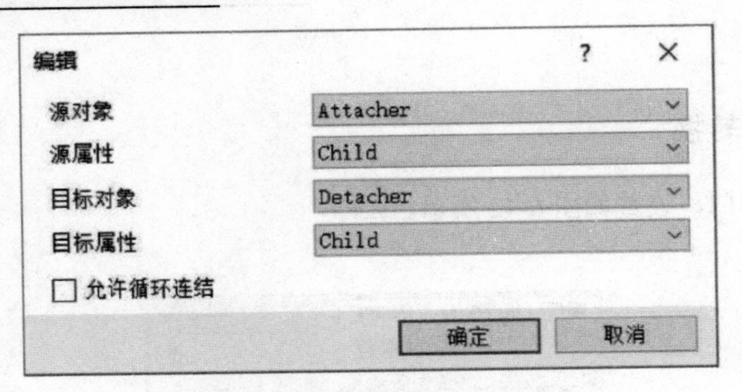

图 6-44　属性与连接 2

七、创建信号与连接

（1）在“SC_Claw”Smart 组件窗口选择“信号与连接”选项卡。

创建一个数字输信号 diGrip，用于控制夹爪张开、夹紧动作，信号为 1 时夹爪夹紧，信号为 0 时夹爪张开，如图 6-45 所示。

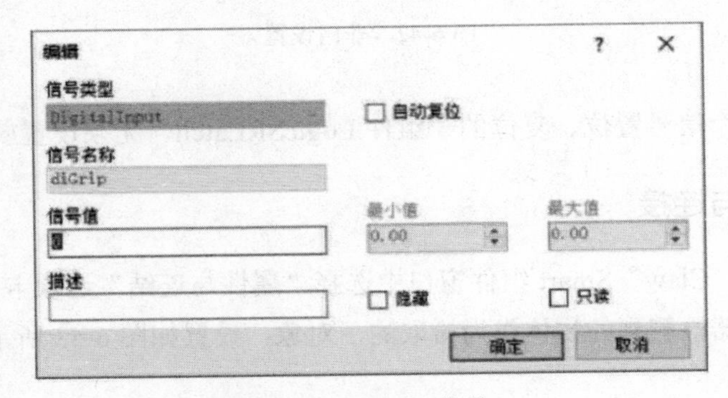

图 6-45　diGrip 信号

创建一个数字输出信号 dooutGrip，用于夹爪夹紧的检测反馈，如图 6-46 所示。

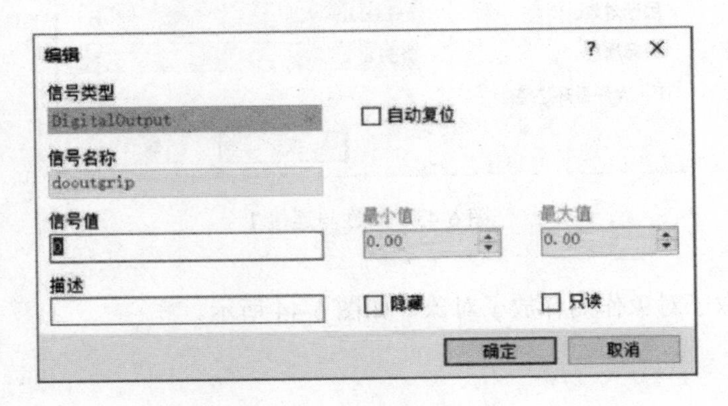

图 6-46　dooutGrip 信号

然后建立信号连接，如图 6-47～图 6-55 所示。

夹爪夹紧动作时，diGrip 触发线性传感器开始检测，如图 6-47 所示。

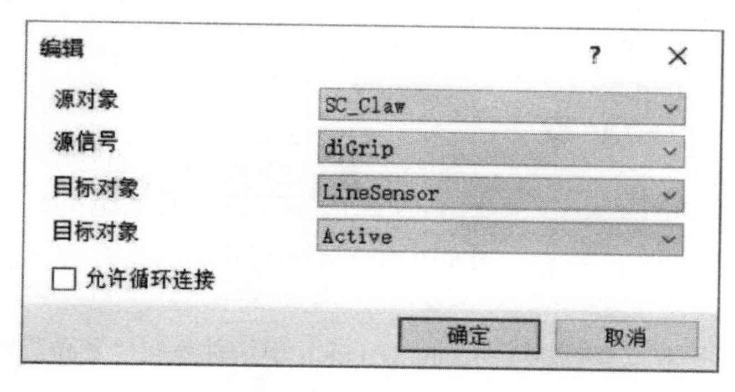

图 6-47　I/O 连接 1

传感器检测之后触发拾取动作，如图 6-48 所示。

编辑
源对象　LineSensor
源信号　SensorOut
目标对象　Attacher
目标对象　Execute
允许循环连接
确定　取消

图 6-48　I/O 连接 2

利用对 diGrip 信号取反，取反后信号由 0 到 1 变化时，触发工件释放动作。图 6-49 设置利用非门取反，图 6-50 释放工件。

编辑
源对象　SC_Claw
源信号　diGrip
目标对象　LogicGate [NOT]
目标对象　InputA
允许循环连接
确定　取消

图 6-49　I/O 连接 3

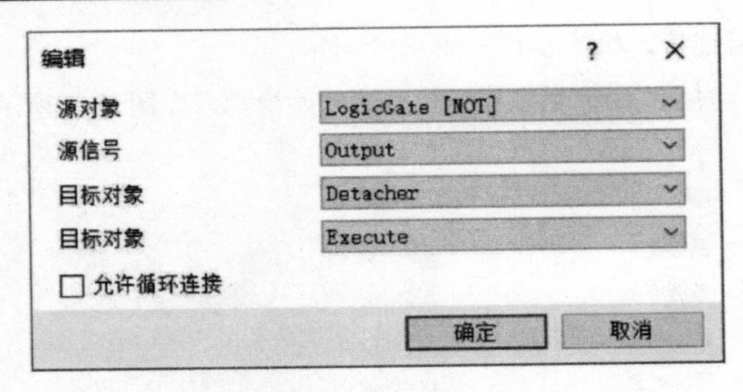

图 6-50　I/O 连接 4

拾取动作完成后触发置位/复位 LogicSRLatch 子组件执行“置位”动作，如图 6-51 所示。

图 6-51　I/O 连接 5

释放动作完成后触发置位/复位 LogicSRLatch 子组件执行“复位”动作，如图 6-52 所示。

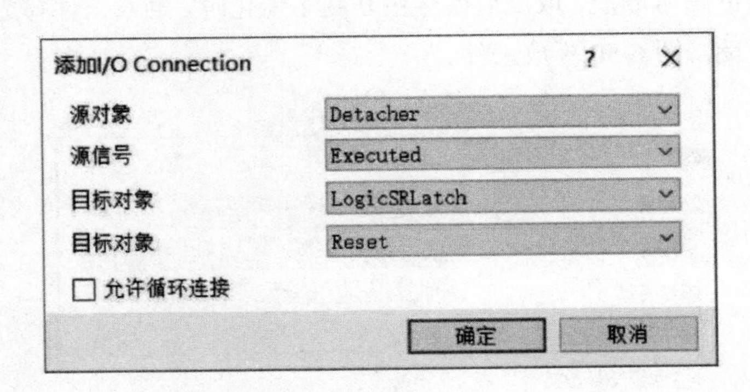

图 6-52　I/O 连接 6

置位/复位 LogicSRLatch 子组件动作触发夹爪夹紧反馈输出，如图 6-53 所示。

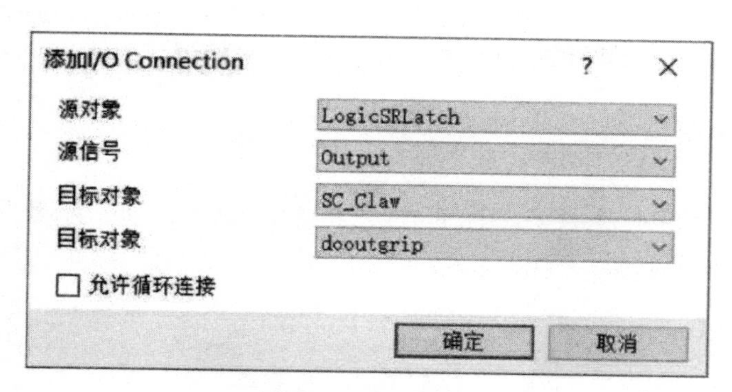
添加I/O Connection

源对象　LogicSRLatch
源信号　Output
目标对象　SC_Claw
目标对象　dooutgrip
允许循环连接
确定　取消

图 6-53　I/O 连接 7

拾取完成后触发夹爪夹紧动作，如图 6-54 所示。

编辑

源对象　Attacher
源信号　Executed
目标对象　PoseMover_2 [夹紧]
目标对象　Execute
允许循环连接
确定　取消

图 6-54　I/O 连接 8

释放完成后触发夹爪张开动作，如图 6-55 所示。

编辑

源对象　Detacher
源信号　Executed
目标对象　PoseMover [张开]
目标对象　Execute
允许循环连接
确定　取消

图 6-55　I/O 连接 9

至此，整个动作流程的信号设置完成，过程如下：机器人运行到拾取位置，夹紧电磁阀打开，线性传感器开始检测，如果检测到工件，则执行拾取动作，夹爪夹紧，发出夹紧反馈信号，然后机器人运动到放置位置，关闭电磁阀，执行释放动作，夹爪张开，工件被释放，同时夹紧反馈信号复位，机器人再次运动到拾取位置，准备下一循环。

八、Smart 组件的模拟运行

（1）将夹爪调整至待抓取工件上方，并且将“workpiece-cube_示教”工件设为“可见”和“可由传感器检测”，如图 6-56 所示。

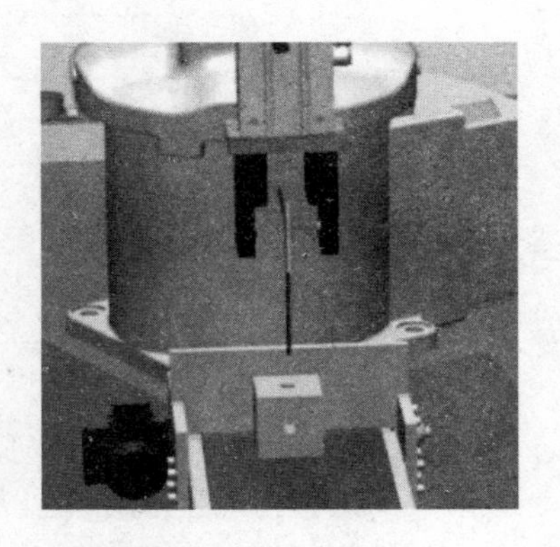

图 6-56　机器人运动至示教工件上方

（2）打开“I/O 仿真器”，将系统选为“SC_Claw”，然后单击“diGrip”信号，观察夹爪的闭合/张开动作，如图 6-57 所示。

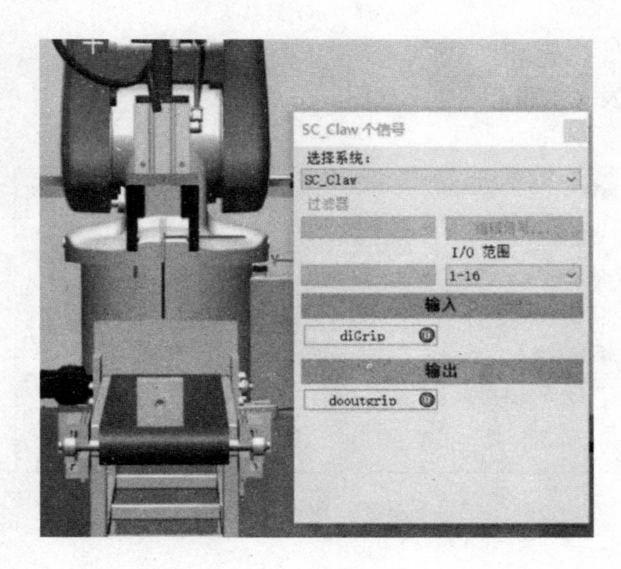

（a）

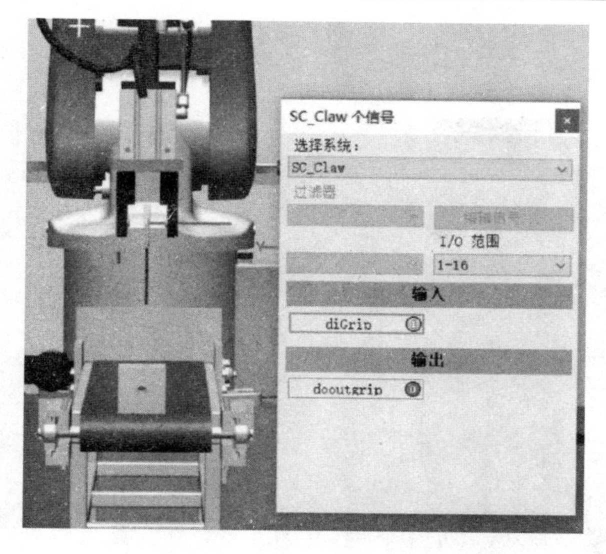

（b）

图 6-57　夹爪的动作仿真

（a）夹爪张开；（b）夹爪夹紧

（3）用 FreeHand 将夹爪移动到夹取位置，如图 6-58 所示。

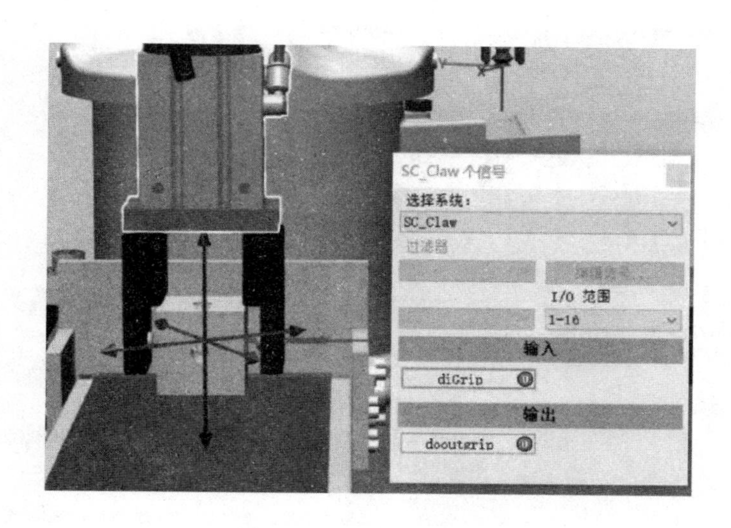

图 6-58　移动到夹取位置

（4）将 diGrip 信号设为 1，夹爪夹紧工件，如图 6-59 所示。

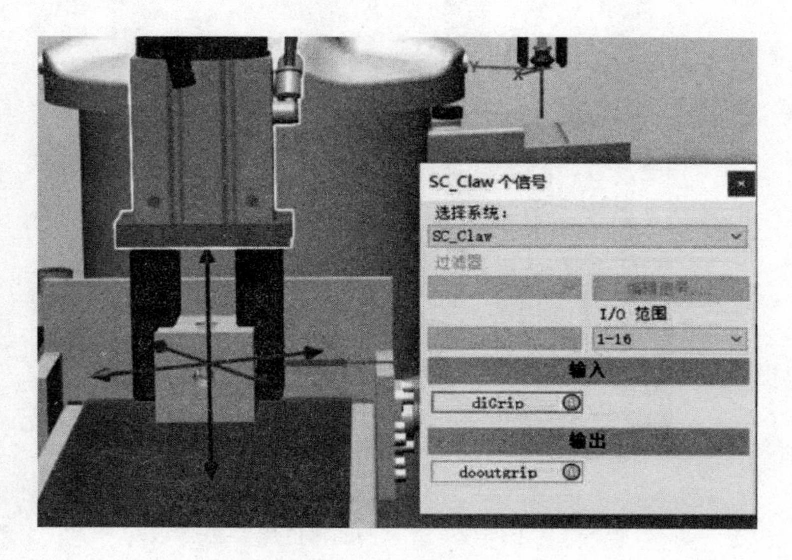

图 6-59　夹紧工件

（5）Free Hand 向上移动，夹爪夹着工件一起移动，如图 6-60 所示。

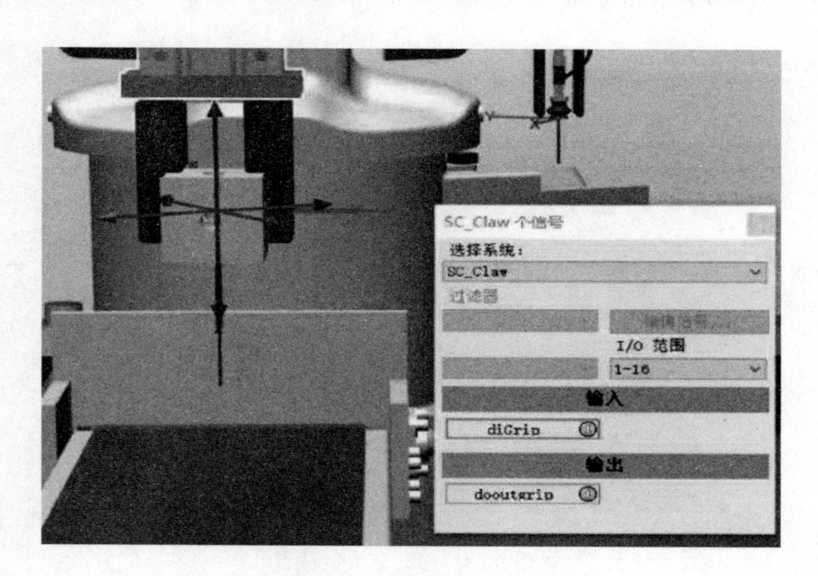

图 6-60　工件随夹爪运动

（6）将 diGrip 信号设为 0，夹爪松开，继续向上移动，夹爪动，工件保持位置不变，如图 6-61 所示，信号连接完成。

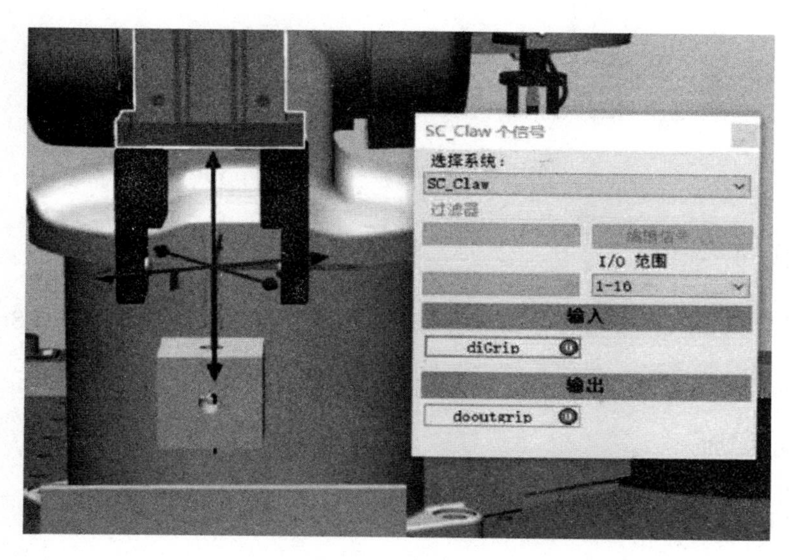

图 6-61　夹爪松开工件

任务评价

表 6-2　任务评价表

评价方面	具体内容	自评	互评	师评
基本素养（30 分）	无迟到、早退、旷课现象（10 分）			
	操作安全规范（10 分）			
	具有较高的参与度和良好的团队协作能力、沟通交流能力（10 分）			
理论知识（20 分）	掌握应用 Smart 组件设定夹爪属性、应用 Smart 组件设定传感器、应用 Smart 组件设定抓取放置动作、应用 Smart 组件设置、创建 Smart 的属性与连结、创建 Smart 组件的信号与连接、创建 Smart 组件（夹爪）的姿态，最终实现 Smart 组件的模拟动态运行的方法（20 分）			
技能操作（50 分）	能够应用 Smart 组件设定夹爪属性、应用 Smart 组件设定传感器、应用 Smart 组件设定抓取放置动作、应用 Smart 组件设置、创建 Smart 的属性与连结、创建 Smart 组件的信号与连接、创建 Smart 组件（夹爪）的姿态，最终实现 Smart 组件的模拟动态运行（50 分）			
综合评价				

任务三 工作站逻辑设定

任务描述

本任务在机器人程序信号分析的基础上，完成工作站逻辑的设定，即 Smart 组件与机器人之间信号的连接。在此基础上，实现工作站的仿真运行。

任务实施

一、机器人程序分析

机器人一个抓放工作流程如图 6-62 所示，具体实现查看机器人程序。

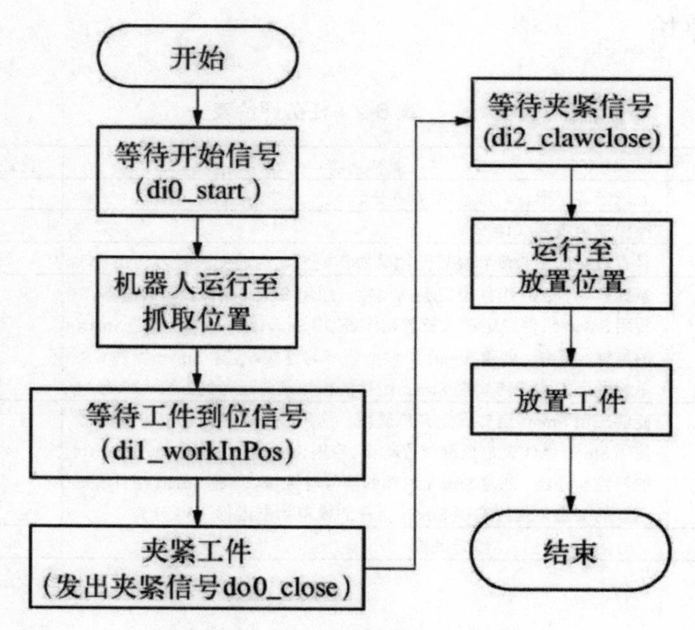

图 6-62 机器人一个抓放工作流程

等待开始信号（di0_start）由外界按钮给出机器人控制系统，robtab_sys 与 Smart 组件 SC_infeeder、SC_Claw 之间的 I/O 信号关系如图 6-63 所示。

图 6-63　机器人与 Smart 组件信号联系

二、设定工作站逻辑机器人程序分析

（1）在仿真菜单中单击“工作站逻辑”，打开“工作站逻辑”窗口，如图 6-64 所示。

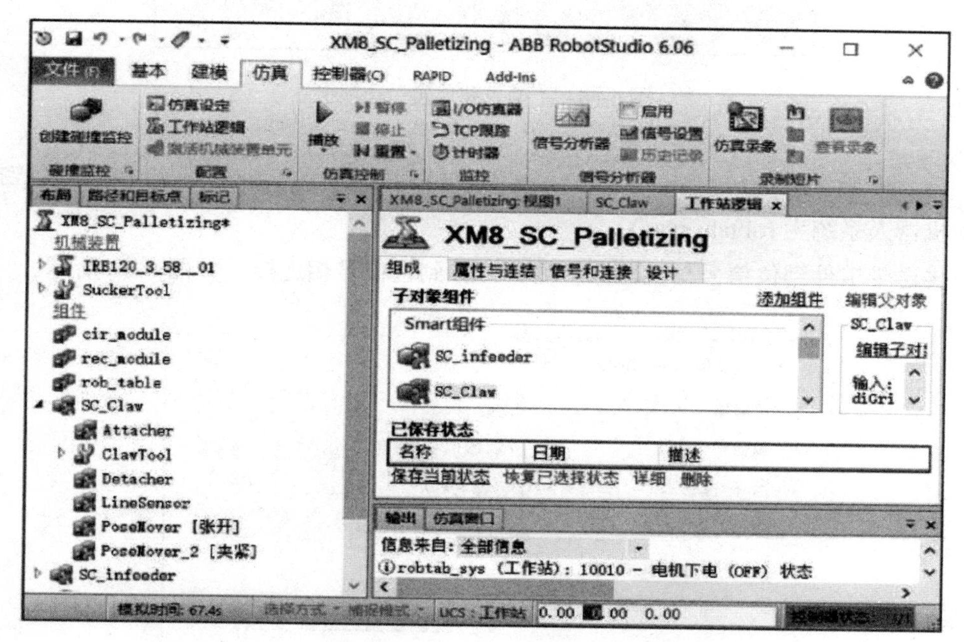

图 6-64　“工作站逻辑”窗口

（2）打开“信号和连接”选项卡，如图 6-65 所示。

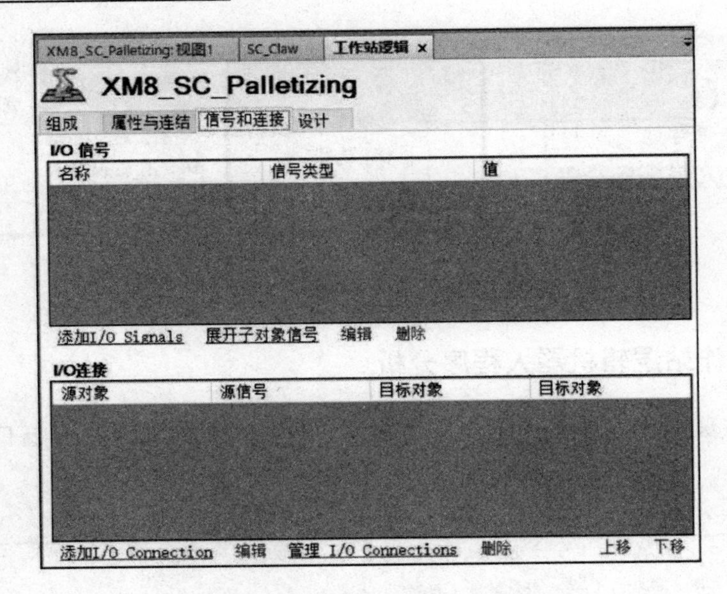

图 6-65 “信号和连接”选项卡

（3）单击“添加 I/O Connection”，添加如图 6-66～图 6-68 所示的 I/O 信号连接，其中机器人系统为 robtab_sys。

传送带工件到位信号与机器人检测到工件到位信号相连接，如图 6-66 所示。

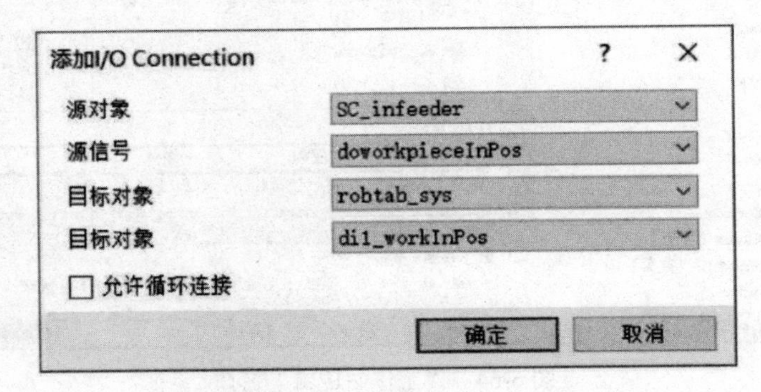

图 6-66 工件到位信号连接

机器人电磁阀夹紧动作输出给夹爪组件，如图 6-67 所示。

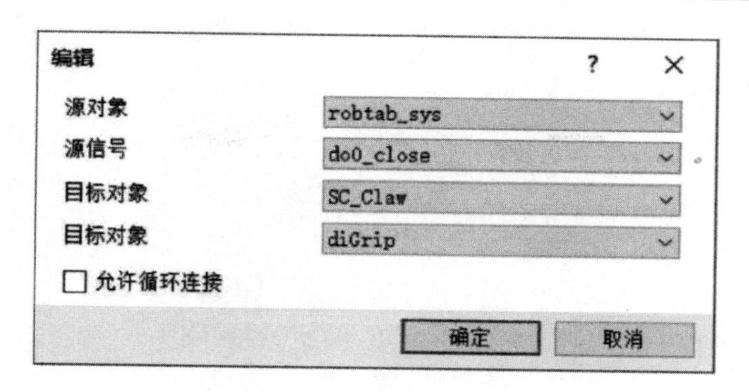

图 6-67　夹爪夹紧动作信号连接

夹爪组件检测到夹紧信号发送给机器人，如图 6-68 所示。

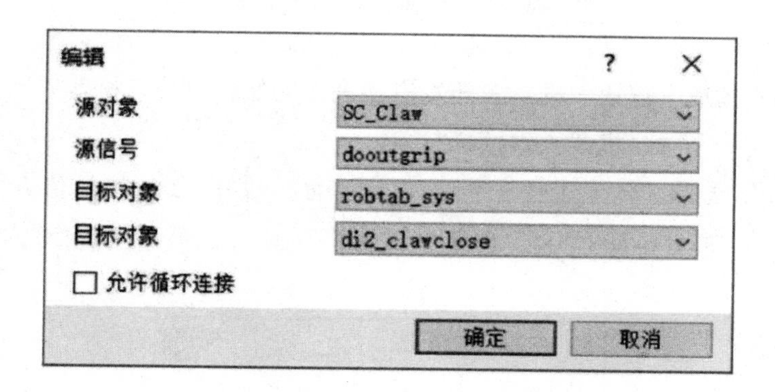

图 6-68　夹爪夹紧检测信号连接

三、工作站仿真运行

仿真运行过程如图 6-69～图 6-72 所示。

（1）单击“仿真”功能选项卡中的“I/O 仿真器”，选择机器人系统，如图 6-69 所示。

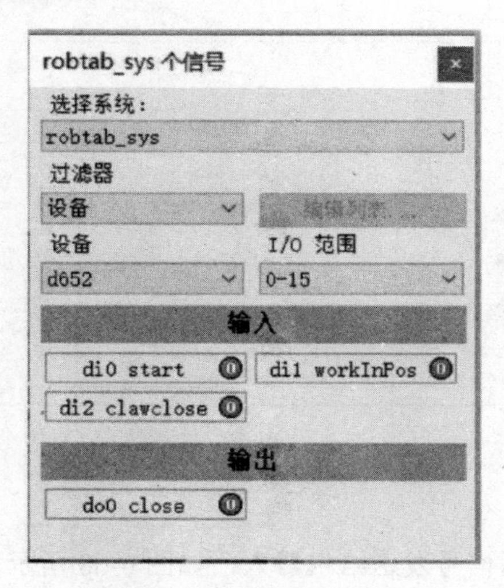

图 6-69　robtab_sys 信号仿真

（2）单击“播放”按钮，机器人开始启动进行初始化复位，机器人回到原点，单击“di0_start”信号，置 1，机器人继续运行。

（3）观察传送带，如无工件在传送带上运动，则将“I/O 信号仿真器”系统选为“SC_infeeder”，如图 6-70 所示，单击“diStart”，让传送带工作（有则跳过此步骤）。

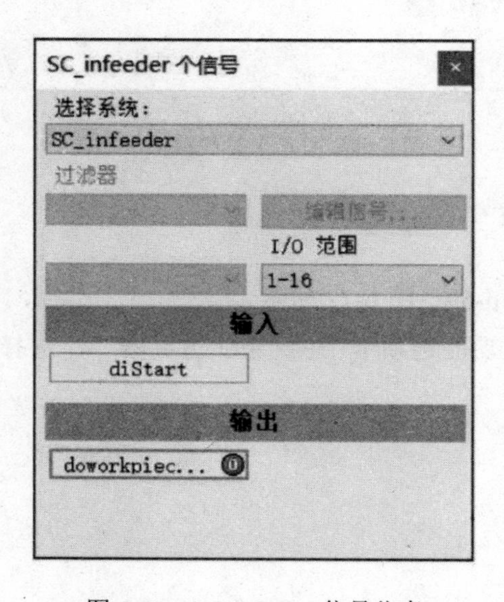

图 6-70　SC_infeeder 信号仿真

（4）工件到达传送带末端后，机器人收到产品到位信号，则机器人将其拾取起来并放到码垛盘的指定位置，如图 6-71 所示。

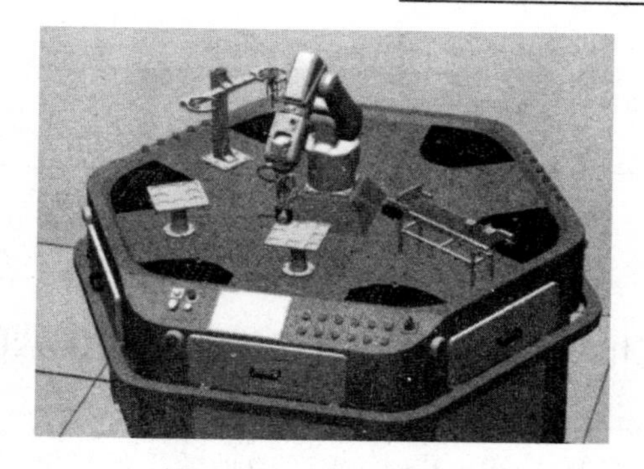

图 6-71　机器人搬运中

（5）依次循环，直到码垛八个工件后，机器人回到原点，程序结束运行，如图 6-72 所示。

图 6-72　仿真结束

（6）单击“停止”，则所有产品的复制品自动消失，仿真结束。为了美观，可将“workpiece-cube”工件隐藏。

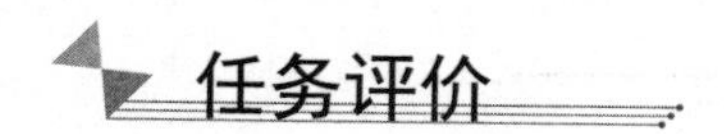

任务评价

表 6-3　任务评价表

评价方面	具体内容	自评	互评	师评
基本素养（30 分）	无迟到、早退、旷课现象（10 分）			
	操作安全规范（10 分）			
	具有较高的参与度和良好的团队协作能力、沟通交流能力（10 分）			
理论知识（20 分）	掌握连接 Smart 组件与机器人之间信号的方法，在此基础上，实现工作站的仿真运行（20 分）			
技能操作（50 分）	能够连接 Smart 组件与机器人之间的信号，并在此基础上实现工作站的仿真运行（50 分）			
综合评价				

思考与练习

一、填空题

1. 创建搬运码垛工作站时，需根据工作站的要求创建相应的机械装置，常见的机械装置类型有机器人________、________、________。

2. ________功能是在 RobotStudio 中实现动画效果的高效工具。

3. Smart 组件的动作子对象组件主要有________、________、________、________和 Show、Hide、Setparent 等。

4. 创建夹爪 Smart 组件时，若夹爪释放工件后需保持工件的位置不变，可以勾选相应的________参数。

5. 创建工作站时，为避免不相关的部件触发传感器导致工作站不能正常运行，通常可将其设置为________。

二、判断题

1. Smart 组件属性中的源对象、源属性与目标对象、日标属性要一一对应。（　　）

2. 创建夹爪 Smart 组件时，可以设置 Transition 参数实现夹爪释放产品后产品的位置保持不变。（　　）

3. 工作站中不同的部件均可被同一传感检测装置检测到，不会给工作站的运行带来影响。（　　）

4. Smart 组件的信号和属性子对象组件中的 LogicGate 只有 AND 和 NOT 两个操作数。（　　）

学习总结

项目学习了机器人 Smart 组件仿真应用的相关知识。

建议学习总结应包含以下主要因素：

1. 你在本项目中学到什么？

2. 你在团队共同学习的过程中，曾扮演过什么角色，对组长分配的任务你完成得怎么样？

3. 你对自己的学习结果满意吗？如果不满意，你还需要从哪几个方面努力？对接下来的学习有何打算？

4. 学习过程中经验的记录与交流（组内）。

5. 你觉得这个课程哪里最有趣？哪里最无聊？

参考文献

[1]郇极. 工业机器人仿真与编程技术基础[M]. 北京：机械工业出版社，2021.

[2]韩鸿鸾. 工业机器人离线编程与仿真一体化教程[M]. 西安：西安电子科技大学出版社，2020.

[3]张玲玲. FANUC 工业机器人仿真与离线编程[M]. 北京：电子工业出版社，2019.

[4]智通教育教材编写组. ABB 工业机器人虚拟仿真与离线编程[M]. 北京：机械工业出版社，2021.

[5]张明文. 工业机器人离线编程与仿真（FANUC 机器人）[M]. 北京：人民邮电出版社，2020.

[6]林燕文，陈伟国，程振中. 工业机器人编程与仿真（FANUC）[M]. 北京：高等教育出版社，2021.

[7]陈永平，何燕妮，余思涵. 工业机器人仿真与离线编程[M]. 上海：上海交通大学出版社，2018.

[8]朱林，吴海波. 工业机器人仿真与离线编程[M]. 北京：北京理工大学出版社，2017.